逻辑新引
怎样判别是非

殷海光 著

图书在版编目（CIP）数据

逻辑新引·怎样判别是非 / 殷海光著 . -- 北京：北京联合出版公司，2020.8（2024.12 重印）

ISBN 978-7-5596-4227-1

Ⅰ . ①逻… Ⅱ . ①殷… Ⅲ . ①逻辑学 – 通俗读物 Ⅳ . ① B81-49

中国版本图书馆 CIP 数据核字（2020）第 080344 号

逻辑新引·怎样判别是非

作　　者：殷海光
出 品 人：赵红仕
责任编辑：徐　樟
特约编辑：郭　梅
产品经理：范　榕
封面设计：尚燕平
内文排版：杨莉芳

北京联合出版公司出版
（北京市西城区德外大街 83 号楼 9 层 100088）
北京联合天畅文化传播公司发行
万卷书坊印刷（天津）有限公司印刷　新华书店经销
字数 228 千字　880 毫米 ×1230 毫米　1/32　10.25 印张
2020 年 8 月第 1 版　2024 年 12 月第 18 次印刷
ISBN 978-7-5596-4227-1
定价：49.00 元

版权所有，侵权必究
未经书面许可，不得以任何方式转载、复制、翻印本书部分或全部内容。
如发现图书质量问题，可联系调换。
质量投诉电话：010-88843286 / 64258472-800

目录

逻辑新引

- 1　前语
- 1　第一次　逻辑的用处
- 15　第二次　真假与对错
- 28　第三次　推论是什么?
- 41　第四次　选取推论
- 56　第五次　条件推论
- 71　第六次　二难式
- 78　第七次　语句和类
- 95　第八次　位换和质换
- 107　第九次　对待关系
- 124　第十次　三段式

131	第十一次	续三段式
144	第十二次	变式
152	第十三次	关系
161	第十四次	关于思想三律
174	第十五次	语意界说
186	第十六次	分类与归类
196	第十七次	诡论
204	第十八次	科学方法
220	第十九次	种种谬误
236	第二十次	余话

怎样判别是非

247 前言

249 第一章 种种谬误
267 第二章 了解科学
284 第三章 科学与语言
292 第四章 科学与假设
298 第五章 比拟
304 第六章 三种型定方式
308 第七章 穆勒方法
314 第八章 读些什么书？

逻辑新引

前语

一

这本书可以说一部分是作者从事逻辑教学的经验产品。

若干年来，一般读者苦于逻辑枯燥无味，为了解决这个问题，十三年前，作者试着以对话体裁写了一本逻辑入门的书。与同类书籍的行销数量比较起来，事实证明作者采取对话体裁写这类书是符合一般需要的。赴台以后，作者又教这门功课，但那本书已经绝版了。因应教学上的需要，作者又用对话体裁写了一本讲义，由学校油印，内容较前书有所改进。讲义印出以后，一搁又是四年。作者没有再用到它。这四年来，学生们纷纷以介绍逻辑读物相请。这类事实使作者觉得颇有将那份讲义改变成书的形式之必要。可是，去年翻阅那份讲义时，作者认为有许多应该包含进去的东西没有包含进去，而且有许多地方简直不行了。于是，动手大加修正。认真说来，这本书是作者第三次用对话体裁写这类书。

二

依照英美的标准而论，本书包含了英美基本逻辑教程中应该包含的全部题材——至少大部分题材。不过，在题材的处理上，作者还是多少作了不同的权衡。作者的权衡以这几个条件为依据：一、着重应用方面；二、着重纯逻辑的训练；三、介绍新的说法；四、修正传统逻辑的错误；五、在必要时，提出作者的贡献。

以这五个条件为依据，除了为适应本书的体裁和目标而掺入的因素，作者在这本书中，对于现有的逻辑题材，有所多讲，有所少讲；对于有些人认为是逻辑题材而从现代逻辑眼光看来不属逻辑范围的题材，则根本不讲。在作者认为不当浪费读者脑力的题材上，作者不愿多写一条。在作者认为读者应该攻习的题材上，作者不吝多费一点笔墨。在有些地方，直到现在为止，还是有不少逻辑教科书继续重述传统逻辑中所混杂的文法、心理学、知识论，甚至于伦理学和形上学的若干成分。这对于增进读者的推论能力会有什么帮助？在选取逻辑教材方面，我们应须不太忽视欧美最近数十年来逻辑方面重大的展进才好。

三

本书既是根据作者从事逻辑教学之经验而写成的，因此，差不多对话中的每一个问题、每一个转折，都是习基本逻辑者所常发生的。在学习的历程中，如果大多数人可能发生的问题相差并不太远，那么作者希望这本书对于希望自修逻辑的人有所帮助，正如希望它对于攻习大学基本逻辑的人有所帮助一样。

运用这种体裁写逻辑书，作者备感吃力。当然，如果一个人吃力而多数人得以省力，那么是件很值得的事。但是，作者所希望的，是读者在比较省力的条件之下训练严格的推论力，甚至于到达森严的逻辑宫殿。所以，在不可避免用力的时候，还得读者自己用力。

攻习任何科学，相当的牛角尖是一定要钻的。如其不然，我们将永远停留在浮光掠影的阶段。在钻过牛角尖以后，如果我们增益了相当的智能，那么正是我们到达了进步之起点。

殷海光

第一次 逻辑的用处

"你上哪儿去?"周文璞从后面赶上来,一把拉住王蕴理。

"我到教逻辑的吴先生那儿去。"

"找吴先生干吗?"

"找他问些问题。"

"问些什么问题?"

"问……问……问些……"王蕴理吞吞吐吐地支吾着,又把头低下来了。

"书呆子!问些什么?快些说!"周文璞追问。

"你……你……没有兴味,何必对你说!"

"说说看,没有兴味就不往下问。"

"我预备问一些与思想有关的问题,你是没有兴味的。"

"哈哈!哈哈!你又是那一套。这年头最要紧的是实际活动。讲什么思想不思想!"

王蕴理没有作声,依然低着头向前走。

"喂!劝你这书呆子要认清时代,不要枉费心血弄那些无益的玄虚呵!"周文璞提高了嗓音,像是有意使他激动。

"无益的玄虚?"王蕴理带着质问的口气。

"是的,是无益的玄虚。"周文璞肯定地回答。

"周文璞!如果你个人对于与思想有关的问题没有什么兴味,这是你个人的自由,我没有什么意见可以表示的。然而,你是不是以为只要从事实际的活动,而从事实际的活动时,用不着思想呢?请你明白答复我。"王蕴理严肃起来。

"在从事实际活动时,去干就成了,还要什么思想!"周文璞回答。

"如果你以为从事实际活动时用不着思想,你这种观念便根本错误。"王蕴理表现出他平素少有的肯定态度。

"为什么?"周文璞不服气。

"人类是一种能够运用思想来指导行为的动物。如果一个人的思想愈精细正确,他的行为至少可以减少许多错误,或者可以获得成效。你看,一座高楼大厦在未着手建筑以前,必须经过工程师运用思想精密设计,绘出图案,然后才可以按照计划来建筑。这不是思想的用处吗?思想既然这样有用,然而你以为从事实际活动时用不着思想,这种观念不是显然错误吗?"王蕴理说了一阵子。

"如果只有工程师用思想来设计,而没有工人去做,高楼大厦会成功吗?"周文璞反驳道。

"哦!"王蕴理笑了,"请你把我的话听清楚。我只是说,如果我们以为只要实行而无须思想来指导,这种观念是错误的。我并没有说只要思想而不要实行呀!"

"好吧!就依你的话吧!有些人思想非常清楚精细,可是,做起事来却不见得比旁人高明。就说老哥你吧!你的思想这样精细,为什么一到大街上走路就惶惶恐恐,像个乡巴佬呢?"

"请你把我所说的话的真正意义弄清楚。我只说，我们的行为不可没有思想的指导，可是，"王蕴理郑重地说，"这句话并不就等于说，仅仅有思想，不要行动，我们就可坐享其成。

"自然咯！如果仅仅有了一个很好的建筑设计，而没有工人来完成，一定成不了高楼大厦。可是，如果仅仅有了工人，而且我们假定这些工人一点关于建筑学的知识也没有，那么还不是如同其他动物一样，虽然看见一大堆很好的建筑材料，也做不出房屋来吗？

"可见仅仅有了思想而没有行动，我们不会完成什么事。可是，如果完全没有思想，我们便毫无计划，一味乱动。这样，我们一定不会成什么事的。思想之必不可少在此；而思想被一般人所忽略也在此。因为，有了思想并不一定在实际活动方面会表现出一般人显而易见的功效。可是，如果没有思想，在行动方面一定常常没有功效。如果我们从这方面来评论思想对于行为的关系，便可以看出思想真正的用途了。思想的效用往往是曲折而间接的，而一般人只注意到直接的效用，因此忽视了思想的效用。至于我上大街像个乡巴佬，这与思想力之强弱毫不相干，也许……也许是因为我的神经太紧张了。"王蕴理有点不好意思起来，笑了。

周文璞一声不响。

王蕴理冷静地望着他，空气顿时沉寂下来。他们走到一个拐弯的地方去了。

"你还有什么意见没有？"王蕴理打破沉寂。

"我……我……"周文璞似乎陷在迷惘之中，"我觉得你说的好像也有点道理，思想不是没有用的，不过，我总以为你说的有些空洞。所谓思想，究竟是什么东西呢？"

"我也说不太清楚,还是去请教吴先生吧!他是专门研究逻辑的。"

两个人谈论着,不知不觉已经拐了几条幽静的小巷子,走到一家门前。王蕴理叩门。

"谁?"

"我们来看吴先生,吴先生在家吗?"

"请进。"

门打开,一个小花园在眼前出现。一位头发灰白、戴着眼镜、身材高大的中年人走出来。

"这位就是吴先生。"王蕴理向周文璞介绍,又回过头来,"这是我的同学周文璞。"

"哦!好!请客厅里坐。"

"我们特地来请教的。"王蕴理说。

"很好!我们可以讨论讨论。……现在二位对于什么问题发生兴趣呢?"

"我们刚才在路上辩论了一会儿,"王蕴理笑着说,"是关于思想和逻辑这一类的问题。"

"哦!这类问题很复杂,不是三言两语就可以说得清楚的。"老教授抓抓头,"比如说'思想'这个名词吧,意指可不少。这个名称,通常引用的时候,包含的意思很多。弹词上说'茶不思,饭不想'。这儿的'思''想'是一种欲望方面的情形。'思想起来,好不伤惨人也','举头望明月,低头思故乡',这是回忆或怀念。古诗中的'明月何皎皎,垂幌照罗茵。若共相思夜,知同忧怨晨',所表乃是忆恋之情。'我想明天他会来吧!'这是猜的意思。'我想月亮中有银宫',这是想象。'这位青年的思想很激烈。'这儿'思想'的意谓，实在是指一种情绪，或是主张。有的时候，所谓'思想'是表示思路历程，例如'福尔摩斯衔着烟斗将案情想了半点钟'。有的时候，所谓'思想'是指思想的结果，如'罗素思想'或'欧洲思想'。又有些时候，'思想'是指思维而言的，例如，'你若照样想去，便可得到与我相同的结论'。自然，还有许多别的意思，不过这里无须尽举。就现在所说的看来，我们可以知道通常所谓的'思想'，其意指是多么复杂了。

"可是，在这许多意思之中，只有后一种与现在所要讨论的主旨相干。其余的都不相干，因此可以存而不论。我们只要注意到后一种'思想'就够了。

"如果我们要行动正确，必须使像'罗素思想'或'欧洲思想'这类的思想结果正确。要使这类的思想结果正确，必须使我们的思维合法或至少不违法……"老教授抽了一口烟，略停了一停，"唔！这话还得分析分析。思维的实际历程，"他又用英文说，"'the actual process of thinking'是心理方面的事实。这一方面的事实之为事实，与水在流、花在飘是没有不同的。这种心理事实方面的思维历程并不都合乎逻辑。果真都合乎逻辑，我们教逻辑的人可要打破饭碗了。哈哈！"他接着说："我们的实际思维历程，不必然合乎逻辑推论程序。在合乎逻辑推论程序时，我们所思维出的结果有效，可惜在多数情形之下并非如此。我们思维的结果有效准时，所依据的规律，就是逻辑家所研究的那些规律。不过，"老教授加重语气说，"我不希望这些话给各位造成一种印象，以为逻辑是研究思维之学。历来许多人以为逻辑是研究思维之学，这完全是一种误解。弄几何学与代数学何尝不需高度抽象的思维力，何以不叫思维之学？许多人把逻辑叫作思维之学，是因为逻辑的研究，在乔治·布尔（George

Boole）以前，一直操在哲学家手里，而大部分哲学家没有弄清逻辑的性质，沿习至今所以有这一误解。而自布尔以来，百余年间，弄逻辑的数学家辈出，逻辑的性质大白。所以，我们对于逻辑的了解，应该与时俱进，放弃那以逻辑为思维之学的错误说法。"

"逻辑是什么呢？"周文璞急忙问。

老教授沉思了一会儿，答道："根据近二三十年一般逻辑家之间流行的看法，我们可以说：逻辑是必然有效的推论规律的科学。"

"有这样的规律吗？"周文璞有些惊奇。

"有的！"

"请问哪些呢？"

"现代逻辑书里所摆着的都是。"

"这样说来，要想我们的思维有效准，必须究习逻辑学？"

"最好是究习一下。"

"这就是逻辑的用处吗？"周文璞又问。

"啊呀！"吴先生沉思着，"'用处'就是不容易下界说的一个名词。现在人人知道钱有用处。药物化学的用处也比较显然易见，因为药物化学可以有助于发展药物制造，药物制造之发展有助于疾病之治疗。但是，研究理论化学有何用处？理论化学的用处，一般人就不大欣赏，因为理论化学的用处比较间接。所以，对它有兴趣的人较少。一般纯科学，如物理学、数学，也莫不如此。所以，近若干年来，走这条路的人一天比一天少。唉！……"老教授不胜感慨的样子，"但是，一般人不知道今日应用科学之所以如此发达，主要是受纯科学之惠。这些纯科学所探究的，主要是些基本的问题。设若没有这些人在纯理论上开路，那么应用科学绝无今日之成就。殊不知，如不研究纯理论，实用之学便成无源之水。无源之水，其涸也，可立而待。现在是原子能时代。许许多多人震惊于原子弹威力之大，并且对原子能在将来应用于和平途径寄存莫大的展望。但是，很少人注意到，原子能之发现是爱因斯坦、卢瑟福、波尔等人对原子构造穷年苦究的结果。很少人注意到剑桥大学卡文迪许实验所中物理学家埋头探索的情形。没有这些科学家作超实用和超利害的努力，原子能之实用是不可能成为事实的。所以，我们不能说纯科学无用。它的用处是间接的，但甚为根本。同样的，逻辑对于人生的用处也是比较间接的。但间接的学问，若是没有，则直接的学问无由成立。例如，没有数学，我们想象不出物理学怎样建立得起来。同样，没有现代逻辑的技术训练，思维毫无把握，弄哲学也就难免走入歧途歧径。"

吴先生抽了一口烟，继续说道："就我数十年所体会到的种种，从浅处说吧！究习逻辑学的人，久而久之，可能得到一点习惯，就是知道有意地避免思想历程中的种种心理情形对于思维的不良影响。这话是什么意思呢？"吴先生的嗓门渐渐提高了，"人类在思想的时候，多少免不了会受到种种心理情形的影响。受这些心理情形的影响，并不一定可以得到正确的思想结果：它有时固然可以使我们碰到正确的思想结果，然而碰不到的时候恐怕更多。

"这一类的心理情形真是太多了！我现在只列举几种常见的吧！第一，我要特别举出成见。成见是一种最足以妨害正确思维的心理情形。"老教授严肃地说，"譬如一个人早先听惯了某种言论，或者看惯了某种书报，他接受了这些东西，便不自觉地以此为他自己的知识，或是形成一种先入为主之见。以后他听到了别的言论，或是看到别的书报，便不自觉地以他先前听惯了的言论，或是看惯了的书报，作为他评判是非的标准：假若别的言论或书报与他先前听惯了的言论，或是看惯了的书报相合，那么他便欣然色喜，点首称善；假如不相合的话，那么便很难接受，火气大的人甚至会痛加诋毁。至若他所听惯了的言论和看惯了的书报究竟是否正确，别的言论或书报究竟是否正确，那就很少加以考虑了。

"不要说平常的人吧！就是科学家也难免如此。科学家主张某种学说，久而久之，便也很容易不自觉地固执那种学说，以为那是颠扑不破的真理。如果有新起的学说与之相反，往往不仔细考虑，横加反对。例如，二十世纪初叶，好像是一九〇二年吧！索迪倡原子蜕变学说，当时的科学界闻所未闻，群起揶揄非笑。在心理学方面，华生倡科学的心理学，反心灵论。这种学说和当时盛行的麦独孤的主张大相抵触。麦独孤听了很不顺耳，于是讥讽他，嘲笑他，写文章攻击他。这类的情形在科学史上多着哩！我不过随便列举一二罢了！"

"怎样免除成见呢？"王蕴理插嘴问道。

"很难！很难！"老教授皱皱眉头，"第一，要有反省的精神。时时反省，看看自己的思想结果和知识是不是有错误。第二，要有服从真理的精神。你们知道印度中古时代的情形吗？印度那时学术很发达，派别有百余家之多，真是诸子百家、异说争鸣。当时，印度的学者常常互相辩难。可是，在他们辩难之先，往往表示：我若失败了，立刻皈依你做弟子，或者自杀以报。辩论以后，那失败的一方便这样实行。没有强辩，也没有遁词。这种精神非常可佩。但是，这种精神谈谈是很容易的，实行可就不容易了。

"风尚也是容易使思想结果错误的因素。风尚与时髦是很近似的东西。如果在某时某地有某种言论，那一时那一地的人群起附和，那么对于某一类的事情之判断，便不自觉地以某种流行的言论作标准。这也就是说,大家不经意地预先假定某种流行的言论是正确的,再根据它来批评其他言论或是行动,这样便很容易为当时当地的人所赞同,因而十分容易压倒异议。其实,一种言论之为真为假,和风行与否是不相干的。这也就是说,一种言论之是否为真理,和它风行或不风行,其间并没有必然的关联。换句话说,一时一地风行的某种言论,也许是真的,也许是假的。历史的事实最足以显示这一点。某种言论在当时当地之所以风行,有环境、群众的好恶、利害关系、心理习惯等方面的原因,而这些原因都是在是非真假范围以外的原因。原子学说、波动力学等总可算是真理吧!为什么并不风行,不为人人所传诵呢?夺人之士,亡人之国,杀人之命,总不能算是真理呢!然而许多国家里为什么弥漫着这种空气,比什么真理都风行呢?可见风尚不一定是真的;真的也不一定成为风尚。

"习俗或迷信,这些东西也常常歪曲合法的思维路子,而使我们得到不正确的思想结果。西洋人的习俗尝以十三为一个不吉利的数目。十三日那一天发生的不幸事件,都与十三连上:他们以为不吉利之事与十三有因果关系。于是,凡属十三,都想法子避免。其实吉利和不吉利,与十三有什么关联呢?中国有些人相信相面、算八字。一个人的前途如何,与面貌和八字没有什么相干的。至少,我想不出有什么经验的理由与之相干。而中国许多人想到他的前途,便将这些因子掺杂进去。结果,会想出许多错谬的结论。例如,坐待命运之来。

"还有,利害关系或情感也很能使思想结果不正确。大凡没有利害关系或强烈情感发生作用的时候,人的理智在思想历程中比较容易占优势,比较容易起支配作用。在有利害关系或强烈情感发生作用的时候,可就不同了。例如,假若我们普普泛泛地说:凡属吸鸦片烟的都应该被枪毙，×是吸鸦片烟的，所以×应当被枪毙。这大概没有问题，人人都会承认。可是，如果说：我的祖父是吸鸦片烟的，所以应当……哎呀！那就有问题了！"

"哈哈！"

"哈哈！"

"你们看，"吴先生继续着，"这就是由于有利害关系或强烈的情感在思想历程中作祟，妨害了正确的思维所致。类此妨害正确的思维的因素多得很。我不必一一都说出。请你们自己分析分析。"

吴教授着重地说："可是，请注意呀！我希望上面所说的，并不引起各位得到一个印象，以为逻辑会使我们在思想的时候一定可以免除掉习俗或迷信呀、成见呀、风尚呀、情感或利害关系等因素之不良影响。即便是一个逻辑家，在他思想的时候，也不见得敢担保他自己能够完全不受这些因素之不良的影响。尤其重要的，我希望诸位不要以为逻辑的目的就在研究这一方面的问题。我的意思只是说，假如我们学了逻辑，真正有了若干逻辑训练，那么便自自然然可能体会到，成见、习俗或迷信、风尚、情感或利害关系等因素是如何地常常妨害正确的思维，因而知道有意地去避免它们。这种结果如其有之，只好算是研究的副产物之一种。就逻辑的本身讲，它是不管这些的。"

"至于另一方面必须究习逻辑的理由呢？"周文璞问。

"我们可以慢慢地讨论。"吴先生抽了一口烟，缓缓地说道，"周文璞！我首先问你。假若我说'一切读书人是有知识的人'，可不可以因之而说'一切有知识的人是读书人'呢？"

"当然可以！"周文璞直截了当地回答。

"哦！我再请问你。假若我说'所有法国人的父亲都是人'，可不可以因之而说'所有的人都是法国人的父亲'呢？"

"嘻嘻！当然不能这样说。"

"为什么？"

"因为，所有法国人的父亲固然都是人，可是不见得所有的人都是法国人的父亲。例如，我们这些人就不是法国人的父亲。所以，不能将'所有法国人的父亲都是人'这话倒过来说。"

"对的！头一句话'一切读书人是有知识的人'也是不能倒过来说的。可是，因为我们对'读书人'和'有知识的人'之间的关系没有弄清楚——不知道'读书人'是'有知识的人'的一部分，还是全部，于是胡乱颠倒来说，结果弄出错误。其实，一切读书人是有知识的人，而有知识的人不一定就是读书人。因为除了读书，还有其他许多方法可以得到知识。所以'一切读书人是有知识的人'这话也不能倒过来说。

"不过，我希望各位明了，我之所以说刚才这一段话，完全是为了使诸位易于了解。否则，我用不着说这一段话。像这样一个语句一个语句地推敲，不独太费事，而且有时没有把握，简直不是合乎科学的一种方法。可是，假若从逻辑的观点来看呢，那就很容易办了。逻辑告诉我们：这两个语句同属一种形式，都是'一切……是……'这种形式的语句。凡属具有这种形式的语句，无论它们所表示的内容是什么，一概不可倒过来说。这么一来，我们一遇到具有这种形式的语句，不管它所说的是什么，一概不颠倒过来，那么总不会出毛病。"老教授说着深深地抽了一口烟。

"周文璞！我又要问你。"吴先生笑道，"假若我说'一切化学系的学生都在化学实验室工作，甲组的学生都在化学实验室工作，所以甲组的学生都是化学系学生'，这个推论对不对？"

第一次　逻辑的用处

"当然是对的。"周文璞毫不迟疑。

"所以啰！所以要学逻辑！"吴先生笑道，"不学逻辑，自己弄错了还不知道哩！"

"我再请问你，周文璞，假若我说，'一切尼姑都是女性，一切苏州女人都是女性，所以一切苏州女人是尼姑'，这个推论对不对呢？"吴先生又问他。

"当然不对。"

"为什么？"

"因为在事实方面，我们知道并不是一切苏州女人都是尼姑。"

"哦，假若在事实上我们不知道呢，那么怎么办？"吴先生追问。

周文璞不响。

"王蕴理，你想想看。"吴先生似乎有点发急了。

王蕴理慢吞吞地道："上面的一个推论，我……我……想是不对的。吴先生！那个推论中的第一句话只是说'一切尼姑都是女性'，并没有说'一切女性都是尼姑'。照吴先生在前面说的道理，从'一切尼姑都是女性'这句话推不出'一切女性都是尼姑'。可是，吴先生那个推论中的第三句话'所以一切苏州女人是尼姑'必须从'一切女性都是尼姑'这句话合上'一切苏州女人都是女性'才推论得出。可是，既然'一切女性都是尼姑'这句话不能从'一切尼姑都是女性'这句话推论出来，所以第三句话'所以一切苏州女人是尼姑'这话也推论不出来。而吴先生却这样推论了，因此是不对的。"

"呀！对了！对了！"吴教授很高兴，"周文璞刚才说第一个推论对，说第二个推论不对，其实前后两个推论都是错误的，并且它们错误的地方完全相等——同样犯了王蕴理刚才指出的毛病。然而，两个推论既然犯了相等的错处，周文璞为什么说第一个对，而说第二个错呢？请各位注意呀！"老教授加重他的语气，"一般人的毛病就在此。这种毛病就是由于没有逻辑训练而生的。我说'一切化学系的学生都在化学实验室工作，甲组的学生都在化学实验室工作，所以甲组的学生都是化学系的学生'，周文璞听不出什么不合事实的毛病，因此他以为这个推论是对的。而我说'一切苏州女人是尼姑'，这句话不合事实，他知道在事实上并非'一切苏州女人是尼姑'，因此他便说我的第二个推论不对。的确，这个推论是不对的。可是，他说我的推论不对之理由却不相干，不是逻辑的理由。他正同许多人一样，从事实上的知识来判断我的推论不对。恰恰相反，我们确定推论之对错，不可拿事实做根据。在施行推论时，我们所根据的，有而且只有逻辑规律。

"为什么呢？假设我们对于经验的知识周详无遗，那么也许有得到正确的结论的希望。如果不是这样，可就麻烦了，结果常常会弄出错误的结论，并且我们自己很难察觉。周文璞在上面所说的，便是很好的证据。

"如果我们要确定一个推论究竟是对的或是错的，唯一可靠的办法是看它是否合于逻辑推论的法则。关于推论法则是些什么，以后有机会要告诉大家。假若推论合于推论法则，那么推论一定是对的。假若推论不合乎推论法则，那么推论一定是不对的。"

"吴先生是不是说，我们不必要有经验，我们对于事实不必知道？"周文璞很疑惑似的。

"哦！在我所说的话里面，丝毫没有包含这个意思。我也很注重经验，我也很注意事实。经验和事实对于人生都是不可少的。我在上面所说的，意思只是在行严格逻辑推论的时候，推论的对或错完全以推论法则为依据，不依靠经验或事实；经验或事实对于纯粹推论丝毫没有帮助。"

"关于这一点,我还没有弄清楚。"王蕴理说。

"当然,要真正清楚上面所说的,只有在切实的逻辑训练中求之……这要慢慢来吧!"

"我们希望吴先生以后多多指教,不怕耽误时间吧?"周文璞说。

"不要紧!不要紧!"

"我们今天花费吴先生的时间太多了,以后有机会再来吧!"王蕴理望着周文璞。

"好!谢谢!再见。"

"再见!"

第二次 真假与对错

周文璞看见王蕴理迎面走来，一把拉住他："韦立鹏那儿你去过没有？试探他的态度没有？"

"昨天已经和他谈了一下，可是，他对于你所说的事并未表示积极的态度。"王蕴理心不在焉地回答，他对于这样的问题似乎不感兴趣。

"那么，他就是消极啰！"周文璞接着说。

"你何以知道？"

"是从你的话推知的，你刚才不是说他并不积极吗？"

"我只是说他并不积极而已，并没有说别的。你何以能由'不积极'而推知他消极呢？"

"'不积极'当然就是'消极'。你老是爱咬文嚼字。"

"不是爱咬文嚼字，我觉得论事情不能那么粗忽。我们不能由'一人不积极'而推论他就'消极'。"

"你怎见得？"

"……十分确当的道理……我说不出。我只这样想而已……有机会我们问问教逻辑的吴先生去。"

"什么时候去？"

"过几天。"

"哎！过几天，我可等不得，我们现在就去。好不好？"周文璞不由分说，拉着王蕴理就走。

他们且辩且走，不知不觉到了吴先生的寓所。

"请进！"阿玉开门，指着侧边的书室，"请在这儿稍等一会儿。"

"好多书啊！"周文璞脱口而出。

王蕴理应声扫视吴先生的书架，只见上面陈列着什么《数学原理》(Principia Mathematica)，什么《数学基础》(Grundlagen der Mathematik)，什么《逻辑哲学论》(Tractatus Logico-Philosophicus)……五光十色，满满一大书架。

"哦！你们二位同学来了！请坐……有什么事情？"吴先生从卧室里走出来。

"我们想来请教一个问题。"周文璞道明来意。

"什么问题？"

"刚才……"周文璞笑着说，"我问王蕴理某人态度怎样，他说并不积极。我说，那么他就是消极。他说我不能这样说话。两人因此辩论起来，不能解决。所以……特地跑来请教。"

"呵呵！你们所说的那位先生究竟是否积极，这是一个态度或实际问题，我不知道……"吴先生沉吟一下，"不过，就语言而论，我们是不能由说'某人不积极'而推断'他就是消极的'。如果这样推断，那么我们就失之粗心。因为积极与消极虽然互不相容，但并非穷尽。人的态度除了积极与消极，还有无所谓积极与消极。积极与消极是不相容但并不穷尽的。不相容而又不穷尽的名词，肯定其一可以否定其余。例如，我们说某人美时，可以推论他不丑。但不可由否定其一而肯定其余。我们说某人不美时就不能一定说他丑，因为他也许说不上美丑而是中等。积极与消极亦然，周文璞却这样推论，所以不对。"

"这是否是一个逻辑问题？"王蕴理连忙问。

"与逻辑有相干的。……"吴先生说。

"为避免这些错误起见，就得学学逻辑。您说是不是？"周文璞问。

"是的，最好学一学。"

"吴先生可不可以介绍几本逻辑入门的书给我们看？"王蕴理问。

"在英文方面倒是不少，在中文方面……我还没有找出太多适合的书……"吴先生微笑着，"因为，中文的逻辑书中的许多说法，是直接或间接照着许多年以前西方教科书上的说法说的。而这些教科书上的许多说法，近四十余年来经许多现代逻辑家指出其为错误，或者属于形上学的范围，或者为知识论的成分，或者甚至是心理学范围里的题材。近四十余年来，西方学人做这类工作已经做得很多了。因此，近二十年来英美出版的逻辑教科书已经将这些毛病改掉了大部分。可是用中文写的这类书籍上，我们很少看到这类改变与进步的痕迹。……有些谈的是不是逻辑，我就很怀疑。"

"那么，我们常常来向吴先生请教，可不可以？"王蕴理迫切地问。

"好吧！放暑假了，我也比较闲空，欢迎常来谈谈。"

"那是以后的计划，可是，我们刚才提出的问题还没有解决呀！"周文璞又把话题拉回。

"刚才二位的问题，在逻辑上，是很简单的，不难解决。……"吴先生说到这里燃起一支烟，慢慢抽着，"就我们东方人而论，我看真正了解逻辑或练习逻辑之先，必须将到逻辑之路的种种故障扫除。"吴先生又深深吸了一口烟，沉思着，"照我看来，东方研究逻辑，除了极少的情形，似乎还谈不到成绩。可是，乌烟瘴气不少，这些乌烟瘴气笼罩在去逻辑之路上。门径正确、研究有素的人是不会受影响的；可是，对于初学者非常有害，常常把他们引上歧路……结果，弄得许多人逻辑的皮毛都没有摸着，却满口说些不相干的名词。例如，这个派呀，那个派呀！什么动的逻辑呀，静的逻辑呀！这种情形徒然引起知识上的混乱，阻碍知识的进步，很是可惜。"吴先生说着不断地抽烟，眼睛望着天花板，好像很感慨的样子。

"这些乌烟瘴气是什么呢？"周文璞连忙追问。

"这些东西虽然以学术面貌出现，可是其实并非学术。在欧美的学术界这些是哄不着人的，稍有修养的人是不难分辨的。我现在不愿去提……"吴先生接着说，"……但是，除了一种潮流制造混乱，别的混乱是可以分析分析的。由于逻辑在历史中与哲学混在一起，而且逻辑之大规模运用符号只是近若干年的事，以致许多人对它的性质不易明了。最易发生的混乱，便是将逻辑与经验的了解搅在一起。因为，人究竟是生活在经验中的东西，而抽象的思想是要靠努力训练才能得到的。"

"吴先生今天可不可以就这一点来对我们讲讲呢？"周文璞觉得这一分别很新奇，急于知道。

"好吧！不过请你不要性急，听我慢慢分析。"吴先生笑着又点燃一支烟，"要分别逻辑与经验，最好的办法是分辨真假与对错。"

"我们先谈真假。譬如说吧！"吴先生指着桌子上的杯子，"一个茶杯在桌子上。请各位留意，这是一个现象。这个现象只有有无可言，而无真假可言。可是，如果我们用一个语句来表示这个现象，说'一个茶杯在桌子上面'，这个语句是有真假可言的。依通常的说法，如果有一个茶杯在桌子上，那么，'一个茶杯在桌子上面'这个语句为真；如果没有一个茶杯在桌子上面，那么这个语句便为假了。由此可见，这样的真假，是表示经验的语句之真假。所以，这样的真假，乃是关于经验的语句之真假。一般人常把事物之有无与语句之真假混为一谈，因而混乱的错误想法层出不穷。须知在事物层面只有有无可言，而无真假可言；只有到了语言层次，才发生真假问题。可是，更多的人把经验语句的真假与逻辑推论之对错混为一谈，于是毛病更是迭出。"老教授抽一口烟，用他惯用的急转语气说，"逻辑的推论所涉及的，不是经验语句之真假问题，而是决定哪些规律可以保证推论有效的问题。"

"决定推论是否有效的条件不靠经验吗？"周文璞插嘴问。

"一点也不！"老教授加重语气说，"在施行推论时，如果靠经验不独不必有助，有时反而有害。经验固然可以有助于学习，却窒碍逻辑推论。我们不仅不应求助于经验，而且应须尽可能地将经验撇开。有高度抽象思考能力训练的数学家或逻辑家无不如此。"

"哎呀！这个道理我真不明白。"周文璞很着急。

"请别性急，我们慢慢来好了。"老教授又吸一口烟，"我现在请问你：如果我作这样的推论，"老教授说着顺手拿一张纸写着：

> 一切杨梅是酸的
>
> 没有香瓜是杨梅
>
> ―――――――
>
> ∴没有香瓜是酸的

"周先生，你说这个推论对不对？"

"当然对。"周文璞不假思索。

"为什么？"

"因为香瓜都是不酸的。"

"哦！你还是没有将语句的真假和推论的对错分辨清楚。推论的对错与语句的真假是平行的，各不相干。我现在问你的不是语句的真假，而是推论的对错。上面的语句'没有香瓜是酸的'显然是一个真的语句，当然不必问你。我问的是推论是对还是错呀！我现在将上面几句话稍微变动一下。"老教授又抄写着：

一切杨梅是酸的
没有橘子是杨梅
―――――――――
∴没有橘子是酸的

"周文璞，我再请问你，这个推论对不对？"

"不对。"

"何以呢？"

"因为橘子有酸的，当未成熟的时候。"

"哈哈！你真有趣，我在这里讲逻辑，你在那里报告经验。"吴先生苦笑着，"请你注意，在第二个推论中，我只把第一个推论中的'香瓜'换成了'橘子'。其实，除此以外，第二个推论的形式与第一个推论的形式完完全全一样。然而，你为你的经验所蔽，从经验出发而作判断，结果你说第一个推论对，而第二个推论错。其实,都错了。我们兹以 X、Y、Z 各别地代表上述二个推论方式里的特殊事物或性质（此处不必在符号上加以标别），如'杨梅''酸的''橘子'等,那么上述二个推论形式之特殊的分别立刻消失,隐含于二者之中的纯粹形式显露出来,因而我们也就立刻可以知道二者实在是一个推论形式。"

吴先生又写着：

$$一切 X 是 Y$$
$$没有 Z 是 X$$
$$\therefore 没有 Z 是 Y$$

"我们要知道,这个推论形式根本是错的。因而,无论以什么事物或性质代入 X、Y 和 Z,整个的推论都不对。原在'一切 X 是 Y'这一语句中没有普及的 Y 到结论'没有 Z 是 Y'中便变成普及的了。这种潜越情形,稍有逻辑训练的人一望而知。既一望而知,他就可以不管是何内容,只要一看推论形式就知道这个推论不对。可是,就刚才所说的例子看来,当你凭经验得知'没有香瓜是酸的'时,你凭经验说它对。但是,稍一变动,将'香瓜'代以'橘子'时,你马上又说它错。殊不知二者皆错。第一个推论之为错与第二个推论之为错,完全相等：二者在同一形式上为错。这种情形,熟悉推论的规律者一望而知。由此可见,个别经验的知识不是有效推论的保证。逻辑规律才是有效推论的保证。在做逻辑训练时,除了便于了解,经验语句作成的例证常是一种窒碍。纯逻辑的运思,离经验的知识越远越好。如果一个人的思想不能离开图画、影像等因素,那么他的思维能力一定非常有限。他的思想一定尚在原始状态。这是各位必须留意的地方。

"从上面的一番解析，我们不难知道，真假与对错是各自独立的，至少在施行逻辑的推论时是如此的。所谓各自独立，是互不相倚之意。这也就是说，语句的真假不是推论的对错之必要条件；推论的对错也不是语句的真假之必要条件。语句的真假之必要条件，是印证、符合、互译，等等；而推论的对错之必要条件，则是纯粹的逻辑规律。语句的真假与推论的对错既然各自独立而互不相倚，于是各行其是，各自发展，永不相交。……关于这种情形，我们再举例来说明，就比较容易了解。

"真假与对错配列起来共有四种可能：一、语句真推论对；二、语句真推论错；三、语句假推论对；四、语句假推论错。

"我们现在将语句作为前提，依照上列四种可能，一一检试一下：首先，我们看看如果前提真而且推论对，会出现什么结果。"老教授在纸上写着：

凡剑桥大学的学生都是喜好分析问题的
凡三一学院的学生都是剑桥大学的学生
_____

∴凡三一学院的学生都是喜好分析问题的

"可见如果前提真而且推论对，那么结论既真且对。

"其次，如果前提真而推论错，那么结论有时真有时假，但一定错。"吴先生又在纸上写着：

> 凡北平人都说国语
> 凡国语小学六年级生都说国语
> ─────────────────────
> ∴凡国语小学六年级生都是北平人

"仅凭推论不知道'凡国语小学六年级生都是北平人'这个结论之真假。因为,在实际的事实上,国语小学六年级生也许都是北平人,也许不是。这要靠观察而定。可是,在推论关系中,这个结论无疑是错的。错的理由,我们以后要从长讨论。

> 凡活人是有生命的
> 杜鲁门是有生命的
> ─────────────────────
> ∴杜鲁门是活人

"前提真、结论真,但推论错。

> 拿破仑的爸爸是人
> 希特拉是人
> ─────────────────────
> ∴希特拉是拿破仑的爸爸

"前提真,结论显然假,同时也错。由以上三个例子,我们可知,如果前提真而推论错,那结论可真可假,但一定错。"

吴先生又拿起铅笔写着：

$$\begin{array}{r}\text{凡鸡有三足}\\(1)\quad\text{凡鼎是鸡}\\\hline\therefore\text{凡鼎有三足}\end{array}$$

$$\begin{array}{r}\text{凡人是上帝}\\(2)\quad\text{恺撒是人}\\\hline\therefore\text{恺撒是上帝}\end{array}$$

"第一例表示推论对而前提假，结论真而且对。第二例表示前提假，推论对，结论假但对。二例合共起来表示，如果前提假而推论对，那么结论有时真，有时假，但一定对。所以推论对时，前提即使是假的，结论一定是对的。

"第四，如果前提假而推论错，那么结论或真或假，但一定错。例子请自己举，这样各位可以得到一个机会想一想。

"从以上的解析看来，我们知道前提无论是真是假，推论错时，结论可真可假，但一定错；推论对时，结论可真可假，但一定对。由此可见，语句的真假丝毫不影响推论的对错。同样，推论的对错也丝毫不影响语句的真假。既然如此，足见真假与对错是不相为谋、各行其是的。明白了这些道理，各位就可以明了我在前面所说的为什么逻辑的推论不靠经验语句的真假了。

"为了使经验语句之真假与逻辑推论之对错二者之间的种种情形一目了然起见，我们最好列一个表。"老教授又在纸上画着：

	前提	推论	结论
1	T	V	TV
2	T	I	？I
3	F	V	？V
4	F	I	？I

"我们首先要举例说明什么叫前提、什么叫结论。"吴先生说，"在前面所举的例子中，'凡人是上帝''恺撒是人'都是前提。'恺撒是上帝'乃是结论。其他类推。

"字母'T'是 True 的第一个字母，我们用它代表'真'；'F'是 False 的第一个字母，我们用它代表'假'；'V'是 Valid 的第一个字母，我们用它代表'对'；'I'是 Invalid 的第一个字母，我们用它代表'错'。至于问号'？'呢？它是用来表示'真假不定'的情形的。我们把这些名词和记号的指谓弄清楚了，就可以学着读这个表。

"第一行表示：如果前提真而且推论对，则结论既真且对，这是上好的情形。科学的知识必须是既真且对的。第二行表示：如果前提真而推论错，则结论之真假不定，但一定错。第三、四两行，各位可以依样读出，用不着我啰唆了。"

"不过，"老教授眉头一动，两眼闪出锐利的光芒，加重语气道，"在这个表中，我希望二位看出几种情形。

"a. 从第一和第二两行，我们可知，前提真时，如推论对，则结论固然既真且对；可是，前提纵真而推论错，则结论不一定真，而是真假不定。可见前提真，结论不必然真，前提真并非结论真之必然的保证。一般人老以为前提真则结论亦必随之而真，这是经不起严格推敲的想法。前提真时结论是否真，还要看推论是否对而定。

"b. 从第三和第四两行，我们可以看出，如果前提假，则结论之真假不定。所谓结论之真假不定，意思就是说，结论有时真、有时假。关于这一点，我们从之前举的（1）和（2）两例即可看出。既然如此，可见如前提假，则结论不必然假。一般人常以为假的结论必系从假的前提产生出来的，这也是一项经不起严格推敲的想法。

"c. 从第一和第三两行，我们可以看出，前提无论是 T 或 F，即无论真或假，推论是 V 即对时，结论无论是 T 还是 F，一定也是 V。由此可见，推论之 V 与结论之 V 有必然的关联。可见有而且只有推论之对才是结论之对的必然保证。

"d. 从第二和第四两行，我们可以看出，前提有时真、有时假。但是，前提无论是真或假，推论是 I 时，结论虽属真假不定，但一定为 I。由此可见，推论之 I 与结论之 I 有必然的关联。这也就是说，无论前提是真是假，只要推论是错的，结论之真假虽不能定，但也一定错。于此，我们可以看清一点：从来不能够从错的推论得到对的结论。这也是逻辑的力量（power）之一。

"以上 a、b、c、d 四条合起来足以告诉我们：第一，前提真时结论可真可假；前提假时结论也可真可假。可见前提之真假与结论之真假并无必然的关联。第二，推论对时结论必对；推论错时结论必错。可见推论之对错与结论之对错有必然的关联。合第一与第二两项，我们又可知，真假系统与对错系统各自成一系统，不相影响。这是我们研究逻辑时首先必须弄清楚的。……各位该明白了吧！"老教授说到这里深深抽了一口烟。

"吴先生把真假和对错的分别讲得够清楚了。我们还有一个问题,逻辑是否研究文法呢?"王蕴理问。

"这又是一个流行的误解。"吴先生摇摇头道,"相对于各种不同的自然语言,有各种不同的文法。例如,英文有英文文法,德文有德文文法,日文有日文文法……但是,每一种文法所对付的是每一种自然语言所独有的特点。因而,每一种文法都与其余的文法不同,日文文法和德文文法不同。逻辑则不然。逻辑固然不能离于语言,但它所研究的不是语言之历史的或自然的任何特点,而是语言之一般的普遍结构。现代的逻辑语法(logical syntax)或普遍语法(general syntax)就显示这一点。所以,我们不可将逻辑与文法混为一谈。"

"时间不早了,"周文璞看看表说,"我们花费吴先生的时间不少,有机会再来请教。"

"好!好!有空多来谈谈。"

"再见!"

第三次 推论是什么？

"吴先生，您上次说推论的对错与语句的真假各不相干。我们已经知道推论的对错与语句的真假的确不是一回事。可是，什么是推论、推论的性质怎样，我们还没有透彻明了。您可不可以讲一讲？"王蕴理问。

"你这样精益求精的态度是很好的。研究学术就少不了这种态度。我想，关于推论的问题，是应该作进一步的解析。因为，这个问题可以说是逻辑的重要问题之一。"

吴先生沉吟了一会儿，又接着说："不过，在讨论这个问题之前，我要介绍一个名词，就是'知识的精炼'。所谓'精炼'是什么意思呢？广泛地说，在我们知识的形成历程之中，我们借着理知作用将不相干的因子剔除，而将精髓加以保留。这种作用，我们叫作知识的精炼。从另一方面看来，知识的精炼是一种选择与制模作用。我们的知识之形成，有意地或无意地，都经过这类作用。"

"这一点我没有了解。"周文璞说。

"是的，这还需要细细讨论一下。"吴先生点点头，接着说，"学过一点生物学的人可以知道，细胞的形状非常复杂。研究细胞的人常将细胞加以制模,将不相干的东西去掉。这样的一种手续叫作制模作用。借制模作用而制造出来的细胞叫作'模式细胞'。模式细胞是细胞的标准。研究细胞时常以它为样本。在我们知识形制的过程中,也有似此的制模作用。这种制模作用可对知识加以精炼。

"可是,一般人在较少的时间对自己的知识发生怀疑的反省。大多数人,在大多数时间以内,都以为自己的知识绝对可靠。各人的知识或来自感官,或来自传闻,或来自传统,或来自集体,或来自测度。一般人对于由这些来源而得到的知识很少经过理知的过滤作用。于是,这样的一些知识沉淀到意识之海底,就变成所谓成见。新来的由感官而得的知识材料、由传闻而得的知识材料,或联想而得的知识材料,就在这些成见的沉淀基础上生根。日复一日,年复一年,久而久之,年纪大了,就成为成见累聚起来的珊瑚岛。珊瑚是很美观的。许多人之爱护其知识亦若其珍爱珊瑚。凡没有反省思考的训练与习惯的人,最易坚持他们的成见。这类人的知识,较之有反省思考的训练与习惯的人之知识,是更与情感、意志、好恶,甚至于利害关系纠结在一起的。所以,你一批评到他的知识,立即牵扯到他的情感、意志、好恶,甚至于利害关系。可巧,这类人的知识偏偏常常是最不可靠的,偏偏常常是最经不起依经验来考验的。于是,他们的知识之错误由之而被珍藏。而且,如果种种外在条件凑巧,他们再依此错误作起点向前发展,那么人类古今的大悲剧便可由之而衍生。"

"还是把话题拉回吧!"吴先生很感慨的样子,深深抽了一口烟,"有反省的思想训练与习惯的人,这类的毛病少得多,当然不能说完全没有。因为,在这样的人的思想生活里,新陈代谢作用比较快。如果我们愿意对自己的知识作一番反省,那么我们不难明了,我们自己的知识并不都如一般好固持己见者所自以为的那么可靠；在我们的知识领域中，知识之可靠性是有着程度差别的。

"我们现在拿一个比喻来说明人类知识的这种程度上的差别。各位读过初中物理学，知道物体有三态，即气体、液体、固体。我们现在拿固体来形容最可靠的知识，拿液体形容次可靠的知识，拿气体来形容可靠程度最低的知识。固体似的知识是推诸四海而皆准的、千颠万扑而不可破的知识。数学、逻辑、理论物理学，是这一类的知识。液体似的知识较易变动。例如，生物学、地质学、经济科学等经验科学的知识都属于这一类。这一类的知识要靠着假设、观察、试验、求证等程序才能成立，而且其可靠的程度是'盖然的'（probable）。当然，盖然程度大小不一，越是进步的科学，盖然程度越大；反之则越小。一切经验科学之目标，无不是向着最大可能的盖然程度趋进的；但是，无论如何，不能等于必然。这个分际是我们必须弄清楚的。气体似的知识之不可靠有如浮云飘絮，一吹即散。我们日常的'意见'属于这一类。

"显然得很，在以上三种知识之中，固体似的知识最可靠。而且唯有这种知识才是'必然的'（necessary）。液体似的知识次之，这种知识是'盖然的'。气体似的知识最不可靠。然而，第一种知识虽属非常可靠，但是在人类知识总量之中非常之少；第二种知识较多；可是，第三种知识最多。第三种知识真如大气，整日包围着我们，我们整日生活于其中。请各位想想看，流行于一般人之间的意见，究竟有几个是经得起有严密科学思想训练的人之推敲的？"

"这样说来，越是确切的知识越与人生不接近，而越与人生接近的知识反而是不可靠的吗？"王蕴理问。

"至少从知识之效准方面看是如此的。"

"那么，这不是人类的悲剧吗？"王蕴理又问。

"……唔！……比起别的动物来……人类已经好多了！他们没有像恐龙那样受到自然灾害的淘汰。而且，直到咱们谈话的这一刻为止，没有被自己发明的原子弹炸光。并且，也还有一部分人因享有自由而能够像个人样地活着。"吴先生苦笑着。

"怎么我在许多社会科学方面或有关大家生活方面的书报里，常常看到'必然'这类的字样呢？例如'历史发展的必然'，什么制度之'必然'崩溃，什么样的社会之'必然'到来……为什么在这样的一些场合里，有这么多的'必然'呢？"周文璞问。

"这些'必然'……"吴先生沉吟了一会儿，"这些'必然'究竟是什么意义，我真抱歉，我不太清楚。就我所知，许多……许多有实际目标的人，特别避免定义确定。不过如果在你所说的这些场合里，所谓的'必然'其意义是我在从前以及我在以后常常要说到的必然，那么是没有的。因为，在人文现象和社会现象里，绝无数理的必然，绝无逻辑的必然。如果这些界域之中有这种必然，那么人类和社会一定是死的。许多人一方面拼命反对'机械论'，而同时在另一方面特别肯定'必然'，这真是令人大惑不解。如果他们说人文现象或社会现象里所谓的'必然'就是像数理的必然那样的必然，或像逻辑的必然那样的必然，那么这不仅是滥用名词而已，恐怕其对于数理的必然与逻辑的必然之知识不够。或者，因为对于逻辑的必然之无可置疑，一般人易于发生崇敬感、可靠感与信赖感。于是有实际目的的人看到了这一点，便借着'必然'这一文字记号，将人对于逻辑必然的崇敬感、可靠感与信赖感巧妙地移置于'历史发展''社会发展'等社会现象或人文现象之上。当大家相信'历史发展'或'社会发展'也有必然性，因而鼓动情绪甚至于行动时，那……那不是可以发生'力量'吗？我想，这些'必然'的真正用意……是在这里。"

"我们必须当心呀！"老教授提高嗓音，"有实际作用的人，他们用字用句的目标与科学家根本不同：科学家用语言的目标在于表达真或假、错或对。许多有实际目标的人之运用语言，其目标只在使别人激动。但是，不幸得很……对不起，我差点又说到使你们年轻人伤心的话来了。……"

"没有关系，没有关系……我们愿意冷静地听着。"王蕴理马上催促着。

"不幸得很，表达真假对错的语言不一定能使别人激动，能使别人激动的语言不一定是真的，也不一定是对的。……当然哪！"老教授又沉思了一会儿，"由于大家对真理有一种基于直觉的爱好，甚至追求，许许多多有实际目标的人看到这一点，于是无不肯定凡能激动人的语言一定代表真理。但是，在有科学思想训练的人看来，激动人的语言不必真，真的语言不必能激动人。希特勒的演说可谓极富激动力了。在戈培尔的设计之下，希特勒的语言曾经几乎使所有德国人激动，甚至使德国青少年发狂。……现在呢？狂气过了！真如禅宗说的'云散水流处，寂然天地空'。我们觉得德国人之疯狂真是好笑。我们看得清楚，希特勒的演说固然富于激动力，但是只有很少很少真理的成分。德国人是白死了！这是人类一场大悲喜剧。然而，还有比希特勒演说的激动力更持久的激动语言。这些激动的语言动辄被冠以'科学的'形容词。各位在街头所见的'科学的'什么主义之类，就是这种货色。……各位想想看，科学是实验室里辛苦的产品，在街头说相声的，哪有真货色？唉！……这年头，许多人为了一些实际利害的冲突，纷纷制造一些假学术。这真是学术的大灾害！"吴先生说着凝视壁上所挂的罗素画像，"罗素力戒狂热之气（fanaticism），这对于当今之世而言尤其必要。而戒狂热之气，必须多从事逻辑分析。所以……我们还是回到正题吧！"

"我在前面说过，我们的知识必须经过制模作用，才可以得到一点精华，而免除一些不相干的成分，或可能的错误。知识之精炼，有赖于方法。所用方法粗，则所得知识粗；所用方法精，则所得知识精。大体说来，知识可由两种途径得到，一种是直接的，另一种是间接的。直接的途径有知觉，或直观，等等。例如，我们看见前街失火；我们在电影上看见恺撒倒下；等等。从这种途径得来的知识固然大体很确切，但是，如果我们的知识途径只限于此，那么我们的知识便永远只能是特殊的，而不能是普遍的，只能局限于一事一物，而不能推广。不能普遍、不能推广的知识，永远不能成为科学，因为科学的知识必须是普遍的和可推广的。要把我们由直接途径得来的知识加以普遍化和推广，势必有赖于间接的知识途径。间接的知识途径很多，不过，对于上面所说气体似的知识、液体似的知识，以及固体似的知识而言，有猜测、推理和推论三者。借猜测得到的知识最粗、最不可靠；借推理所得的知识较精、较可靠；借推论所得到的知识最精、最可靠。猜测、推理和推论三者，常被视作一类的东西，这是一种错误，我们现在要分析一下。

"猜测，是最无定轨或法则可循的知识方法。"

"吴先生，您在这里所说的知识，似乎是广义的知识。"王蕴理说。

"是的，我在一开头就是如此的。猜测多凭天生的心智，或是直觉，或是经验的累积。猜测的人就算猜中了，也常常说不出一个所以然来，他常靠下意识作用。因而，猜测之进行在意识界总是不大明显的。例如，假如甲和乙住在一起，甲看见乙上街，甲便说：'你上街是到秀鹤书店去的。'乙问他何以知道。他说：'我猜。'猜是在似乎有理由似乎无理由之间的。说它有理由，因为甲和乙住在一起，有时知道他上街是去逛书店的。说它无理由，因为甲没有理由断定乙这一次一定是到秀鹤书店去的。猜，猜测，总是不找根据的，即使真有根据。可是，无论如何，猜测不是推论。

"推理，这里所说的推理是英文的 reasoning。我们在傍晚散步的时候看见霞彩满天，常常脱口而出：'明天有好天气！'这一判断系从我们观察晚霞，以及我们相信晚霞与明天天晴之间有某种因果关联所推衍出来的。这种推衍我们叫作推理。

"从前的逻辑家以为逻辑是推理之学。依照现代逻辑眼光看来，逻辑不是推理之学。为什么呢？推理一定以某一理为根据。这也就是说，在推理的时候，是以'理'为前提的。例如，气象学家在判断晚霞与明天天晴之间的关联时，是以气象学之理为依据的。复次，既云推理，于是被推之理一定是分殊的，否则谈不到被推，而且也无从被推。分殊之理各不相同，例如，物理学之理与化学之理不同；化学之理与心理学之理也不同；……既然如此，于是各理有各自的内容。这也就是说，在推理的时候，各个推理各有不同的前提。获得经验科学知识的程序有假设、观察、试验、求证等。由假设到求证，是包含一串推理程序的。在各种不同的经验科学范围里，有各种不同的经验科学范围里的各种不同的理。这各种不同的理在不同的场合表现为不同的定理、定律，或学说，或原理原则。因此，在不同的经验科学范围里，有各种不同的理有待乎推。当然，我们说'在不同的经验科学范围里有各种不同的理有待乎推'，这话并不包含'不在不同的经验科学范围里就没有各种不同的理有待乎推'，因为前者并不涵蕴后者。其实，任何特殊的理都可作推理之前提。

因而，以任何特殊的理作前提时，推理都可成立。所以，推理的范围是非常之广的。不过，无论推理的范围广到什么地步，推理不是推论。"

"推论是什么呢？"周文璞连忙问。

"别忙，"老教授笑道，"我正预备分析下去。推论是英文所谓的 inference。推论是什么呢？将一切推理中的作为特殊前提的'理'抽掉，所剩下的共同的'推'之程序，就是推论。依此，推论是一切推理所共同具有的中心程序，而推理是推论的周边（peripheral parts）。我们举例以明之吧！凡金属是可熔的，铜是金属，所以铜是可熔的；凡植物是细胞组成的，玫瑰是植物，所以玫瑰是细胞组成的；凡人是有错误的，圣人也是人，所以圣人也有错误。各位不难看出，这三组语句是三个不同的推理。在这三个不同的推理之中，各有不同的'理'作为前提，因而各有不同的结论。可是，各位也不难看出，撇开这三组语句所说的特殊的理不管，这三组推理中共同具有一个形式。这个共同具有的形式就是推理由之而进行的推论形式。请各位特别注意这一点！我们用 F、G、M 来各别地代表上述每一推理中的特殊成素如'人''植物''金属'……于是这三个推理所共有的推论形式立即显露出来。"

吴先生拿起铅笔在纸上写着：

凡 M 是 G
凡 F 是 M

∴ 凡 F 是 G

"逻辑所研究的，"吴先生接着说，"不是上述一个一个的特殊前提的推理，而是为一切推理所必须依据的推论形式。当然，这样的推论是没有而且不会有任何特殊的理作为前提的。所以，逻辑推论不曾拿化学定律作前提，不曾拿物理定律作前提……依同理，当然也不拿任何形上学的命辞或观念作固定的前提。如果是的话，那么逻辑就变成某种形上学的演展体系，而不复是逻辑了。这一点，许多有形上学癖好或习染的人没有弄清楚，结果将很清明纯净的逻辑之学弄得乌烟瘴气。贻害真是不浅！"

"吴先生！您是不是不喜欢形上学？"周文璞问。

"喜不喜欢是另一个问题。从我刚才所说的话里，既推论不出我喜欢形上学，又推论不出不喜欢形上学。从我上面所说的话里，只能推论出我们不能将逻辑与形上学混为一谈而已。

"为什么在推论形式中不能有任何理作为固定的前提呢？问题谈到这里，我们就必须明了'空位'的用处。我们一般人，本能地或直观地，常留意到'实'的用处，因而对于实实在在的东西多发生兴趣。但是，很少人留意'空'。然而，当我们在某些情形之下发现因没有'空'而不便时，我们就会感觉到空之重要不下于实。比方说吧，"老教授笑道，"周先生在周末带女朋友去看电影，可是走到电影院门口，看见'本院客满'的牌子挂起，停止卖票。你扫不扫兴？在这种时分，如果你稍微有点哲学的习惯，你就会感到'空'之重要了。……"吴先生抽一口烟，又说道，"同样的，'空位'对于推论之得以运用，是一样重要的。在推论形式中，有了'空位'，才能装进各种各类之理而推之。如果在推论形式中先已拿任何种理作前提，那岂不类似电影院'本院客满'吗？电影院每一场开演之先必须有空位子，同样，推论形式必须不以任何理作为固定的前提，以便随时装进不同的理来行推演。这样,推论形式才得以尽其功能。

"从逻辑为任何推理所必须依据而它自己又没有任何特殊的理作为固定前提的一点看来,逻辑毋宁是一程术(procedure),或者,通俗说是一'工具'。当然,就其自身而言,它是一严格的科学。现在数理逻辑的辉煌成就足以表现这一点。"

"吴先生,推论与推理之不同,我们已经弄清楚了,但是,我们还不太明白推论是什么。"周文璞说。

"是的,我正预备再加解析的。我们决定一个单独的语句,例如'太阳是方的',是否为真,这不是推论。靠推论不能决定'太阳是方的'这个语句是真或是假。这类的问题必须在自然科学里去解决。因此,这类的话也许不合经验科学,但根本无所谓合逻辑或不合逻辑。我们常常听到人说这类的话'不合逻辑',这是一种误解。一个语句只有落在推论场合,才发生是否合于逻辑之问题。我们要确切地了解什么是推论,必须知道什么是蕴涵关系(implication relation)。推论必须借着蕴涵关系而行。如果我们说,假若前提真,那么结论真。在这一关联之中,结论随前提而来。于是,在前提与结论之间的这种关系,叫作蕴涵关系。例如,"吴先生写道:

如果他是没有正式结婚的,那么
他是没有正式妻室的人。

"在这个例子中'他是没有正式妻室的人'被涵蕴在'他是没有正式结婚的'之中。在这里,'如果……,那么……'所表示的就是蕴涵关系。不过为了简便起见,现代逻辑家拿一个像马蹄的符号表示蕴涵关系,于是,这个例子可以写成:

他是没有正式结婚的人⊃

他是没有正式妻室的人

"如果前提与结论之间有这种关系,那么结论便是有效的(valid)。如果前提与结论之间没有这种关系,那么结论便是无效的(invalid)或说是错误的。蕴涵关系可以存在于语句与语句之间,也可以存在于名词与名词之间。前者如'一切政客是机智的'这个语句涵蕴着'有些政客是机智的'这个语句。后者如'金属'这一概念涵蕴'矿物'这一概念。可是,无论是语句也好,名词也好,涵蕴者叫作涵蕴端(implicans),被涵蕴者叫作被涵端(implicate)。就前例来说,'他是没有正式结婚的人'是涵蕴端,'他是没有正式妻室的人'是被涵端。以涵蕴端为依据放置一被涵端,这种程术叫作推论。所以,推论就是将前提的结论演绎出来。依此,我们可以得到基本的推论原则(principle of inference)。"吴先生写着:

如 p 且 p⊃q,则 q

"详细一点说,如果 p 是可断定的,而且 p 涵蕴 q,那么 q 也是可断定的。在这一公式中,p 代表任何语句,q 代表另外的任何语句。……你觉得这个原则有用吗?"老教授问周文璞。

周文璞不响。

"哈哈!"老教授笑着问道,"你是不是不好意思说?你是不是觉得这条原则太显然易见了,显然易见到几乎不用提。是不是?"

"我觉得这是自然的道理。……我……我看不出有特别提出来作为一条原则之必要。"周文璞说。

"哦！是的！问题就出在这里。你说这是自然的道理，所根据的是直觉。但是，直觉不常可靠，而且逻辑不根据直觉。即使逻辑有时不能不从直觉出发，也得将我们的直觉明文化，即英文所谓'officialize'。所谓直觉之明文化，就是将直觉写成公定的方式，这样，大家就可明明白白地引用了。在传统几何学中，有些推论方式常为几何学家引用于不自觉之间。例如，如A形大于B形且B形大于C形，则A形大于C形。过去的几何学家只知这样推论，而不自觉这一推论系依一个三段式而进行。在现代逻辑中不许可这样有未经自觉的因素存在。现代逻辑家要求每一步推论必须根据自觉的明文规定的法则而行。现代逻辑之所以号称严格，这是原因之一。依此，我们刚才所说的推论原则，看起来似乎是一自明之理，稍有头脑的人都会依之而思考，但也须明白提出，以让大家推论时遵行。"

"这一理由可以叫作推论原则之明文化。是不是？"王蕴理问。

"是的。"

"除此以外，是不是还有别的理由？"王蕴理又问。

"还有一个技术方面的理由，就是蕴涵关系是联起来而未断的。在从前提而推出结论时，我们必须打断蕴涵关系之连锁，好让结论独立得到。这就有赖乎一条明文的规则。这条明文的规则就是我们现在所说的推论原则。推论原则的作用之一即在打断前提与结论之间的蕴涵连锁关系，于是有的逻辑家将它叫作'离断原则'（principle of detachment）。塔尔斯基（Tarski）教授就是其中之一。"

"塔尔斯基是什么人？"周文璞问。

"他是波兰数学家兼逻辑家。他在美国加利福尼亚大学教组论（set theory）。他的老师是卢卡西维茨（Lukasiewicz）。他也是波兰逻辑大家，现在流亡英国。波兰民族对于逻辑的贡献甚大。各位总可以知道波兰人在音乐上的成就吧！这是一个优秀的民族，可惜，国家弱小，他们的贡献不易被人注意。加之邻居不佳，使他们又失去独立，学术文化不能正常发展，优秀的学人纷纷逃亡国外。唉！……"

吴先生凝视着天花板。室内只听得到三个人的呼吸声。

"嗬！"老教授转念微微苦笑一下，"我们能聚首一室，谈谈逻辑，真是万幸啊！……刚才所说的推论原则是推论原则之最基本的形式。许许多多种类的推论是依这一基本形式而进行的。"

"推论不止一种形式吗？"王蕴理问。

"当然哪！一类不同的语句形成及其间之关系就决定一种推论形式的。"

"有哪些呢？"王蕴理又问。

"在逻辑上最常见的有选取推论呀，条件推论呀，还有三段式的推论呀，种种等等。现在一口气说不完。"

"吴先生可以讲给我们听吗？"周文璞问。

"有机会的时候，当然可以。"

"好，我们下次再来请教。"王蕴理说着便起身告辞。

第四次 选取推论

"哦！你们二位来了！欢迎！这几天阴雨连绵，待在家里真不好受，幸喜今天放晴了！"吴先生亲自开门，让他们进去。

"是的，因为天晴，我们出外来看看吴先生。"周文璞说，"并且还是想请吴先生讲点逻辑给我们听。"

"哎呀！"吴先生沉思了一会儿，"逻辑的范围这样大，认真讲起来又需要训练，从何谈起呢？……好吧！我们不妨从日常语言中涵蕴的逻辑谈起。……照我看来，对于开始学习而言，与其仅仅生硬地讲些不甚必要的名词和条规，不如从分析日常讨论的语言着手。我们稍微留意一下便可知道，日常讨论的语言中是含有逻辑的。至于含有的成分之多少，那就要看知识程度以及知识类别而定。一般说来，知识程度高的人的讨论语言（discursive language）中所含的逻辑成分比知识程度低的人的言谈中所含的逻辑成分多。知识的类别也有相干，弄科学的人常易感到语言合于逻辑之重要。至于研究逻辑的专家呢？当然，他们在从事讨论时很习惯用逻辑规律的。这是我们开始究习逻辑最好从日常讨论用的语言着手之理由。不过，日常讨论的语言虽然含有逻辑，可并非日常的讨论都合于逻辑。而且日常讨论用到逻辑时很少是完备的。当然，逻辑专家的讨论语言除外。我们现在所要做的工作是将日常讨论的语言里所涵蕴的逻辑提炼出来，再加以精制。这有点像从鱼肝油制鱼肝油精丸，有时也像沙里淘金，煞费周章。……为着易于了解起见，我们还是从简单的入手。"

"您在上面一连说了好几个'讨论的语言'，是什么意思？"王蕴理问。

"你很细心。弄学问就需要如此，有一点含糊都不可随便放过，必须搞得一清二楚才罢休。这样，久而久之，咱们的知识就可相当明彻而致密。我所谓'讨论语言'，意即集中讨论一个问题所用的语言。语言的功能并非限于讨论。诗人在作一首抒情诗时，他所用的诗的语言是抒情语言；谈情说爱的人所用的语言是情绪语言。种种等等，不一而足。在这些语言中，讨论的语言之功能在于表达确定的真假，或是非，或对错，如果不能表达这些，则显然无讨论之可言。如无讨论之可言，则有时也许变成抒发情绪哩！"

吴先生抽了一口烟，休息一会儿，又接着说："许久以前周先生同王先生的辩论里，就涵蕴着一种逻辑推论。这种推论叫作 disjunctive inference，最新的说法叫作 alternative inference……我想将它译作'选取推论'或'轮选推论'。这个译法不见得恰当，但暂时用用也无妨的。"

"我还没有了解。"周文璞说。

"好！……我从头分析起吧！"吴先生说，"选取推论中的语句是选取语句（disjunctive sentence）。像'周文璞是浙江人或周文璞是江苏人'这样的语句便是。这类的语句是'周文璞是浙江人'和'周文璞是江苏人'二个语句中间借一个'或'字联系起来形成的。

当然，我们日常言谈时，没有这样笨拙，而是常常说成'周文璞是浙江人或江苏人'。不过，这个问题是修辞问题。修辞问题对于逻辑不重要，甚至于不相干。有的时候，修辞美丽动人的语句反而不合逻辑。例如，'山在虚无缥缈间'这一词句所引起的意象非常之美、空灵，令人捉摸不定，寄思绪于无何有之乡，而怅怅然莫知所之焉。……不过，如从认知的，即 cognitive 的意义来分析，那就完全是另一回事了。如从认知的意义来分析，那么这词句有两方面可谈。第一方面是问，在事实上，'虚无缥缈间'是否有'山'。这一方面的问题既是事实问题，与逻辑全不相干，所以，现在我们不当去管。……而且，拿这样的态度去研究文艺辞藻，结果一定美感全消、意绪索然，这种人只好叫作'实心子人'。另一方面我们可从名言来观察这句话。当然，从文艺观点看，我们也不应当这样做。我们之所以这样做，完全是为了举例而已。从名言方面观察，'山'是一事物，'是一事物'涵蕴'有'（there is）；而'虚无缥缈'涵蕴'无'。'无'不能涵蕴'有'。如说'无'涵蕴'有'，便是自相矛盾。同样，'有'不涵蕴在'无'中。若说'有'涵蕴在'无'中，也是自相矛盾。……又例如，有人说'智慧圆润'。'圆润'拿来形容玉器最恰当，拿来形容智慧，固然可以使人对于智慧发生美好完满的意象，可是从逻辑的观点看去，正如从知识的观点看去，却非常困难。因为，如果'智慧'是一性质，'圆润'也是一性质，则用性质来形容性质不若用性质来形容个体之易。'圆的方''聪明的糊涂人'……都是不易思议的表词。可见逻辑与修辞不是一回事。

"我们现在所要注意的是分析'周文璞是江苏人或周文璞是浙江人'这样的语句。这个语句有两个子句'周文璞是江苏人'和'周文璞是浙江人'以及一个联系词'或'。这二个子句各别地叫作'选项'。所谓选项，并不一定是'项'，各位不必望文生义。凡在借'或'表示的选取关系（disjunctive relation）之中的任何项目都可叫选项。因而，选项可以是一个语句，如上面所举的；也可以是一个名词，例如，'甘地是一位圣人或是一个英雄'，'圣人'和'英雄'都是名词；也可以是一表示性质的字眼，例如，'葡萄是酸的或是甜的'，'酸的'和'甜的'都表示性质。这些在以后都会提到。选项的数目可以是二个，也可以是三个、四个；在理论上可以有 n 个；当然，在实际上常用的是二三个。多于二三个，就不甚方便。

"选项与选项之间，有二个条件。这二个条件是决定选取推论可能的基本条件，所以我们必须特别留意：第一个条件是相容与否；第二个条件是穷尽与否。

"什么叫作'相容'呢？设有两个语句或名词或表示性质的字眼可同时加以承认，那么我们便说二者'相容'。两个相容的语句，例如，'隆美尔是德国人'或'隆美尔号称"沙漠之狐"'。这二个语句是相容的。因为，众所周知，隆美尔既是一个德国人，又号称'沙漠之狐'。两个相容的名词，例如，'爱因斯坦是一数学家或物理学家'。因为，爱因斯坦既是一位数学家，又是一位物理学家。表示性质的字眼之相容，例如，'苏曼殊是多才的或多艺的'。多才与多艺这两种性质常常是连在一起的。……但是，各位可以知道，并不是所有的语句或名词或表示性质的字眼都是相容的。如果我们说'他正在北极探险或他正在南极探险'。即使我们无法确定他究竟是正在北极探险还是正在南极探险，我们可以确定他不能既正在南极又正在北极。像这样的两个子句不能同真，所以不相容。其他类推。"

老教授抽口烟，伸伸腿，接着说："所谓'穷尽'，就是两个或两个以上的选项尽举在一个范围以内所有的可能，或尽举在一个类

（class）中所有的分子。例如'男人和女人'是否可以尽举'人类'中之一切分子？如果可以尽举，那么我们便说'男人和女人'穷尽了人类；不然，我们便说未穷尽，或不穷尽。……我们现在要问：'男人和女人'是否穷尽人类的一切分子？关于这样的问题，许许多多的人似乎觉得不成问题。在习惯上一直依据常识或习见习闻而言谈的人多半会说，除了男人便是女人，所以'男人和女人'穷尽人类之一切分子。但是，逻辑家的思想习惯比这谨严得多。逻辑家的思想力像探照灯一样，要尽可能地探寻每一角落，尤其注意到一般人所不曾注意到的角落。就拿上面的话为例吧！依一般情况而论，人，除了男人当然就是女人，不过也有少数中性人。中性人，既不便归类到男人，也不能归类到女人。男人既不愿与之结婚，女人也不愿嫁这样的人。哈哈！这就可以证明这样的人既不能说是男的，又不能说是女的。既然如此，'男人和女人'就不能穷尽人类之一切分子。在我们不能确知所谓的'人'究竟是什么性别的人时，如果有人说'不是男人'，我们接下说'所以是女人'，在最大多数的情形之下，我们这样接下去说，是不会失败的。可是，如果我们所碰见的人万一是个中性人某某呢，那可失败了。逻辑是讲绝对妥当性的，依照逻辑来讲话是不许失败的。所以，即使中性人非常之少，既然不是没有，在逻辑上还是把它与数目众多的'男人'和'女人'等量齐观，而列为可能之一。这么一来，我们就不能说'男人和女人'是穷尽的。从逻辑的眼光看来，男女二者是'不穷尽的'。既不穷尽，我们从'不是男人'，不能接着说'所以是女人'。这样，我们就立于不败之地。从经验或心理方面出发，在一个范围或类之中，数目众多的分子较之数目少的分子，具有较大的支配力。可是，从逻辑方面出发，少数分子影响推论的力量，与多数分子完完全全相等，即 equally powerful。逻辑家在设定推论方式或规律时,是不会牺牲或忽视任一分子的。如果牺牲了,就不成为逻辑。"

"哈哈!"吴先生接着说,"像这个样子说话,各位也许认为太学究气了吧!我也认为如此。就上列的例子而言,我们尽管不必如此,这是因为我们对于人类的性别之分类,以及男性和女性最多,具有充分的知识。但是,碰到我们所不熟悉的事物,我们可没有这种把握。既没有这种把握,于是难免犯错,以不穷尽为穷尽而不自知。例如,我常常听到人说:'你不信唯物论,那么你就是唯心论啰!'这种说法就是误以为唯物论和唯心论二者在思想上是穷尽的。其实,在思想上,除了唯心论和唯物论,选项还多得很。例如,实在论、现象论等。因此,如果因某人'不信唯物论',我们便一口咬定他'信唯心论'是不对的。也许,他连唯心论也不信,他同意实在论,或现象论,或……在我们日常言谈之间,类似这样的错误真不知凡几!……别以为这是书生咬文嚼字的小事,这样的想法,在一实际的发展中,可能招致人类重大的不幸。例如,有人故意把人分作'资本家'和'无产者'两种,许许多多人信以为真,于是跟着乱打乱杀,结果造成世界的大祸。他们不稍微想一想,难道社会上人的种类就这么简单吗?如果并非如此简单,那么在采取行动时就可不致太鲁莽决裂了。……可见逻辑教育对于人生的重要。"

"碰到类似上述的情形,怎么办呢?"王蕴理问。

"在逻辑上很简单,就是我们先弄清楚所碰到的选项是否穷尽。如果是穷尽的,那么我们可以否定其一而肯定另一。可是,如果不穷尽呢?那就得小心,不能这么顺着嘴儿溜下去。……关于这些规律,我们在下面还要从长讨论。

"我们在上面已经把相容与穷尽这两个基本概念解释了一下。

可是……我们还得作进一步的展示。设有甲乙二个选项，二者是否相容与是否穷尽配列起来，那么就有四种可能情形。"

吴先生拿起铅笔，一面念，一面在纸上写着：

第一，甲乙既相容又穷尽
第二，甲乙既相容又不穷尽
第三，甲乙既不相容又穷尽
第四，甲乙既不相容又不穷尽

"这些分别，我不明白。"周文璞嚷着。

"我正预备解释。"吴先生慢吞吞地说，"以上四种可能，只是配列的可能而已，或四种格式而已。这一点是必须首先弄清楚的。

"为便于说明起见，我们在下面所说的选项是名词或性质。即甲、乙可以各别地代表两个名词或性质。相容而又穷尽的名词，严格地说在实际事物中是没有的。一定要举例，我们可以举二个名词。全类（universal class）与讨论界域（universe of discourse），这两个名词是既相容又穷尽的。"

"这一点我还没有了解。"周文璞有点急躁。

"没有了解不要紧，现在记着好了。往后有机会，我们还要讨论的。

"相容而不穷尽的名词很多，例如，生物与动物，生物与动物是相容的。因为我们说 X 是生物时，它也可以是动物；但并不穷尽。因为我们说 X 是生物时，它也可以是植物。

"不相容而又穷尽的名词，例如 a 与非 a 这二类，a 与非 a 是不相容的。如果 X 是 a 类，便不是非 a 类的；如果 X 是非 a 类的，便不是a类。X不能既为a又为非a。同时，a与非a二类共同穷尽。X不是a便是非a，不是非a便是a。a与非a二类以外无第三类。例如，人类以外都是非人类。猫是非人类，鸟也是非人类，虫也是非人类。……如果X不是非人类，当然就是人类。没有既非人类又非非人类的类。所以，人类与非人类二者既不相容而又穷尽。

"不相容又不穷尽，例如，阴与阳。阴与阳不相容。如果X是阴性的，便不是阳性的；如果X是阳性的，便不是阴性的。X不能既阴且阳。但是，阴与阳不必穷尽，因为还可以有中性。是不是？"

"决定那些名词是否相容和是否穷尽，是逻辑的事吗？"王蕴理问。

"不，不，"吴先生连忙摇头，"如果说决定那些名词是否相容与是否穷尽乃逻辑的事，那么就将逻辑与形上学或概念解析等混为一谈了，这一个分际是一定要界划清楚的。逻辑根本不问那些名词是否相容与是否穷尽，但逻辑提出是否相容和是否穷尽这些形式的条件（formal conditions）。等到我们将那些名词相容或不相容，与那些名词穷尽或不穷尽弄清楚了以后，我们可以将那些名词安排于上述四个条件之中的某一个条件中。这一步骤安排好了以后，逻辑的正事就来了：逻辑就告诉我们在那一条件之下，决定'或'是有什么运算能力的'或'。这一步决定了以后，我们就可依之而怎样去选取推论，即决定此'或'应如何推论。"

"我还不大明白。"周文璞颇感困惑。

"是的，"吴先生说，"这还需要解释。我们现在依次说下去吧！"

"现在我们拿'X是Φ或X是Ψ'为一选取语句。'Φ'和'Ψ'代表任何名词或性质。这个语句在上述相容与否或穷尽与否的配列可能之中的选取推论如下："老教授写着：

①相容而穷尽。如果 Φ 与 Ψ 相容而且穷尽，那么有二种情形：

    Φ 与 Ψ 既然相容，于是：
a.   X 是 Φ 或 X 是 Ψ
    X 是 Φ

∴ X 是 Ψ 或 X 不是 Ψ

"这表示如果 Φ 与 Ψ 相容，那么 X 是 Φ 时 X 是否为 Ψ，不能确定。这也就是说，如果二个名词之所指或性质彼此相容，那么我们由肯定其中之一，不能肯定或否定其另一。例如，假若我们说 X 是有颜色的，或说 X 是蓝的，那么我们说 X 有颜色的时候，不能由之而断定 X 是否为蓝的。因为，X 有颜色时，也许是蓝的，也许不是，而是旁的颜色。所以我们肯定 X 是有颜色的时，不能肯定 X 是否为蓝的。于是可知，当 Φ 和 Ψ 二者相容时，我们不能借肯定其一而肯定或否定其余。

    Φ 与 Ψ 既然穷尽，于是：
b.   X 是 Φ 或 X 是 Ψ
    X 不是 Φ

∴ X 是 Ψ

"这个道理是显而易见的。假若我们游山，远远看见有个寺院，寺院旁边站着一个穿法衣的人。如果那个人不是尼姑，那么就一定是和尚了。所以，如果 Φ 与 Ψ 穷尽，那么否定其一可以肯定其余。

②相容而不穷尽

Φ 与 Ψ 既然相容，于是：

a.　　　　X 是 Φ 或 X 是 Ψ
　　　　　X 是 Φ
　　　　　―――――――――――
　　　∴ X 是 Ψ 或 X 不是 Ψ

结果与①的 a 条相同。

Φ 与 Ψ 既不穷尽，于是：

b.　　　　X 是 Φ 或 X 是 Ψ
　　　　　X 不是 Φ
　　　　　―――――――――――
　　　∴ X 是 Ψ 或不是 Ψ

"所谓 Φ 与 Ψ 不穷尽，这个意思就是说 X 不止于或为 Φ 或为 Ψ，也许或为其他……既然如此，当我们说 X 不是 Φ 的时候，我们不能断定它就是 Ψ。如果警察只抓着甲、乙二个有做贼嫌疑的，还逃掉了一些，那么在审问口供时，甲说"我不是贼"，那么法官不能由之而推断一定是乙。因为，作兴乙也不是贼，而贼是在逃跑的若干人之中。这个道理，如果明白指出，似乎不值一提。可是，在我们日常言谈或运思的时候，似乎并非如此明白。因为，在这些场合之中，心理、习惯、风俗、传统，甚至于权威，形成一些'结'。这些结子中的种种，我们以为既不相容而又穷尽的，其实，充其量来，它们只是不相容而已，穷尽则未必。但我们以为它们是穷尽的，结果常常产生错误的思想。例如，'非杨即墨''非左即右''非前进即落伍''不服从就是反对''不是共产主义便是资本主义'……种种结子，数都数不清。许多人的想法一套进去，便出不来。其实，没有一个结子中的可能是穷尽的。杨墨以外的学说多得很，左边和右边以外还有中间，富人和穷人之间还有无数中产分子。……"

"这样看来，如果 Φ 与 Ψ 既然相容又不穷尽，那么无论肯定其中之一或否定其中之一，都不能据以肯定其余或否定其余。这也就是说，在 Φ 与 Ψ 相容而又不穷尽的条件之下，无结论可得。是不是？"王蕴理问。

"是的！"老教授点点头。

③ 不相容而又穷尽

a.
Φ 与 Ψ 既不相容，于是：
X 是 Φ 或 X 是 Ψ
X 是 Φ

∴ X 不是 Ψ

"所谓 Φ 与 Ψ 不相容，意思就是说，如果 X 是 Φ，那么就不是 Ψ；如果 X 是 Ψ，那么就不是 Φ。一个人如果是活的，那么就不是死的。如果一个人是死的，那么就不是活的。猜骰子时，不是出单就是出双。如果出单,当然就不是双。既然如此,于是肯定其中之一,便可否定另一。

Φ 与 Ψ 既然穷尽,于是:
b.　　　X 是 Φ 或 X 是 Ψ
　　　　X 不是 Φ

　　　　∴ X 是 Ψ

"这种条件与①的 b 条一样,用不着赘述。

"从以上的解析看来,Φ 与 Ψ 既不相容而又穷尽时,肯定其一可以得到否定的结论;否定其一可以得到肯定的结论。所以,在这种条件之下,无论肯定或否定,总归有确定的结论可得。

④ 既不相容又不穷尽

Φ 与 Ψ 既不相容,于是:
a.　　　X 是 Φ 或 X 是 Ψ
　　　　X 是 Φ

　　　　∴ X 不是 Ψ

"这一条与③的 a 条相同。

Φ 与 Ψ 既不穷尽,于是:
b.　　　X 是 Φ 或是 Ψ

$$X 不是 \Phi$$
$$\therefore X 是 \Psi 或不是 \Psi$$

"这一条与②的 a 条相同。

"结果，在 Φ 与 Ψ 既不相容又不穷尽的条件之下，只肯定其一可以得到确定的结论，而否定其一则不能。

"……我们在以上把选取推论的可能一一列示了。现在，我们不妨将以上所展示的总括一下。如有二个选项，那么：

"一、相容而穷尽，可借否定其一而肯定其另一；而不能借肯定其一以肯定或否定其另一。

"二、相容而不穷尽，既不能借肯定其一而肯定或否定其另一；又不能借否定其一而肯定或否定其另一。

"三、不相容而穷尽，既能借肯定其一而否定其另一，又能借否定其一而肯定其另一。

"四、不相容而又不穷尽，可以借肯定其一而否定其另一，但不能借否定其一而肯定或否定其另一。

"从以上的解析看来，第三种条件的可推论性（inferability）最强。即无论肯定或否定，都可得到确定的结论。第二种条件的可推论性最弱：无论肯定或否定都不能得到确定的结论。"

"但是，"吴先生深深吸了一口烟，"可惜得很，第三种配别，即既不相容而又穷尽的二个选项，恐怕只有逻辑和数学里才有。在逻辑里，除了上面所举 a 和非 a 两类，P 或非 P 二个语句形式也是既不相容而又穷尽的。但是，经验世界就没有这样一刀两断的物项，很难找出这样划分干净的实例，这是各位必须特别留意的地方。逻辑之所立乃模范形式，并非经验事物的描述。我们根据这些模范形式可以施行有效的推论。有些模范形式，单独陈示出来，好像是不证自明的。可是，当我们的思识与复杂的经验纠缠在一起的时候，或受心理惯性支配的时候，我们所得到的结论常错。例如，我在前面举过的一个例子，'那个人不是赞成唯物论的，那么就是赞成唯心论的'。这就是顺着心理习惯随口溜出来的。这个推论是错误的。

X 是赞成唯物论的或 X 是赞成唯心论的
X 不是赞成唯物论的
──────────────────
∴ X 是赞成唯心论的

"其实，上面的一个选取语句是'不相容而又不穷尽的'。既然如此，根据前面所说的，只能借肯定其一而否定另一；而不能借否定其一而肯定其另一。依前面第四配列，上一推论应该是：

X 是赞成唯物论的或 X 是赞成唯心论的
X 是赞成唯物论的
──────────────────
∴ X 不是赞成唯心论的

"从上面二个语句，我们至多只能得出'X 不是赞成唯心论的'而已。但是，一般人常易犯前述的错误，这就是将不相容而又不穷尽的选项当作不相容而又穷尽的选项。其实，唯心论与唯物论只是不相容而已，但并不穷尽，因为还有无所谓唯物论或唯心论的思想。

这，我们也在前面说过了。将这个问题作逻辑的陈示，我们立刻就不为唯心唯物之争所套住。……不过，各位不要以为我在这里是斥唯物论与唯心论之争，我不过就近取譬而已。其实，我还可以举别的例子。由此可知逻辑形式之陈示必须是显明的（explicit）——越显明对于我们在推论上越有帮助。"

吴先生一口气说完又抽了一口烟，显得有点疲倦。王蕴理说："吴先生该休息了，我们下次再来。"

第五次 条件推论

"周文璞,我请问你,假如我说'如果天下雨,那么地湿',可不可以因此就说'地湿了,所以天下了雨'?"吴先生问。

"当然可以。"周文璞冲口而出。

"哦!你这人倒真是心直口快。"吴先生笑道,"那么,洒水车洒过了街,地湿不湿?"

周文璞给这一问,愣住了。

"我再请问你,假若我们说'如果某人嗜吸鸦片烟,那么某人便面黄肌瘦',我们可不可以因此说'某人面黄肌瘦,所以某人是嗜吸鸦片烟的'?"

周文璞思索了一下:"当然不可以,也许某人营养不良,以致面黄肌瘦。"

"对了!……不过,你所举的理由不是逻辑的理由,我们还得进一步研究这些语句之间的逻辑关系。像'如果某人嗜吸鸦片烟,那么某人便面黄肌瘦',这样的语句在旧式教科书中叫作假定语句(hypothetical sentence)。为了种种理由,我们现在把它叫作条件语句(conditional sentence)。各位知道,这种语句在英文文法上被看作虚拟法（subjunctive mood）。可是，在逻辑上，把它看作直叙语句的一种。因此，各位别以为这样的语句语气不定，它照样有所断定（assert）。不过，它所断说的不像直叙语句那样，断说'某人嗜吸鸦片烟'和'某人面黄肌瘦'这两个语句是否各别地为真。这两个语句在条件语句中是子句。条件语句所断说的，是这整个语句中子句与子句之间有何真假关联。

"我们知道逻辑不注意也更不研究经验内容，而是注意和研究借语言表示出来的形式。因此，在这个语句里，我们所要注重的和研究的不是'某人嗜吸鸦片烟'和'某人面黄肌瘦'这些语句所表示的特殊经验事物，而是'如果怎样，那么怎样'这样的形式。这样的形式，简直可以写……"吴先生一面说，一面拿起铅笔在纸上写着：

如果……那么……

"这种形式，"吴先生接着说，"为了方便起见，我们也可以写作，"吴先生又拿起铅笔在纸上写着：

如果 p，那么 q

"不过，就逻辑家看来，这样的写法还不够方便，因为逻辑家有时要行演算。行演算时，写法越简便就越灵活。为了达到这个目标起见，逻辑家发明了这样的记号法。"老教授又拿起笔写着：

$p \supset q$

"这样一写，我们不难知道，前一个子句写作 p，后一个子句写作 q。于是 p 和 q 不独可以各别地代表'某人嗜吸鸦片烟'和'某人面黄肌瘦'，而且可以代表任何两个表示事物之关联的陈述辞。"

"吴先生在这里所说的'事物之关联'，所指的是不是事物之因果关联呢？"王蕴理问。

"逻辑的正身根本不过问因果关联。"老教授摇摇头，"这里所说的，也不是任何事物之间的任何关联，而是两个可以表示任何事物的语句之间的关联，这种关联是纯形式的关联。不过，为求应用起见，逻辑家常给纯形式以种种经验的解释（interpretations）。如果没有种种经验的解释，逻辑恐怕只为少数逻辑家在系统的建构上或演算方面的兴趣而建立，与我们一般人恐怕就无缘了。当然，在一种解释之下，我们在此所说的关联，可以解释作因果的关联。……不过，这只是种种可能的解释之一而已。我们还可以提出别的许许多多的解释。"

"什么叫作'解释'呢？"周文璞急忙问。

"对于一个纯形式演算系统之解释问题，在现代逻辑里，是一个非常麻烦的问题。直到目前为止，现代逻辑学家们，或语意学家们，未能下个界说。……不过，这是顶层问题，这个顶层问题主要是一理论问题。顶层的理论问题没有妥善解决，与我们现在所进行的讨论不相干。因为，我们现在所进行的讨论，是实际上如何解释的问题。从这一方面着眼，我们可以不太严格地说，对于逻辑形式套上一组表示经验内容的语句，叫作该逻辑形式之解释。上面所举的逻辑形式'p⊃q'，我们可以给予种种解释。例如，'如果探险队到达喜马拉雅山的最高峰，那么便可得奖''如果你刻苦用功，那么你会成功''如果她行为失检，便会声名扫地'……

"我们已经在前面说过，在通常情形之下，每一语句不是真的便是假的。语句之真假，现代逻辑家叫作真值（truthvalue）。当只有一个语句，比如说 p 时，它的真假值很容易看出。即 p 是真的，或者 p 是假的。在现代逻辑中，表示真与假都有记号：如果 p 是真的，我们简单地写作 p。这就好像普通代数式前面第一个'a'如系'正 a'，我们就径直写作'a'而不写作'+ a'一样。如果 p 是假的我们就这样写。"吴先生拿起铅笔在纸上画着：

$\bar{\ }p$

"另外，为了便于一目了然起见，现代逻辑家常列一个表格来表示语句的真值。"吴先生说，"在这种表格中，真就写作 T，T 系取 True 字的第一个字母；假就写作 F，F 系取 False 的第一个字母。依照这种记号法，一个语句 p 的真值可以用表格这样表示出来。"他又画在纸上：

	p	¬p
1.	T	F
2.	F	T

"我们要会读这个表格，"老教授说道，"我们先竖着看两列。p 底下有 T、F 两个字母，这表示 p 有真和假两个真值。–p 底下有 F、T 两个字母，这表示非 p 也有两个真值，即假、真。明白了这些，我们再横着看。第 1 行表示：如果 p 是 T，即真的，那么非 p 便是 F，

即假的。这是一定的道理。是不是？如果 p 是一真语句，则与它相反的语句之反面必然也是真的。因为，反反得正，即反面的反面是正面。第 2 行表示：如果 p 是 F，即假的，那么非 p 是 T，即真的。这也是一定的道理。如果 p 是假的，则非 p 一定真。"

"假若有 p、q 两个语句，它们的真值怎样排列？"周文璞问。

"请别性急，我们一步一步来好了。"老教授说，"如果我们拿'健'与'美'这两种性质来形容女性，那么可能的排列，我们可以写出来。

1. 既美且健
2. 美而不健
3. 不美而健
4. 既不美又不健

"好莱坞有许多明星既美且健，是不是？例如苏珊·海沃德（Susan Hayward）就是其中之一。美而不健，林黛玉是也！许多尼格罗妇人，恐怕是健而不美吧！既不美又不健的女士也有的是。看看美与健的这种排列，我们可以构思，如果有 p 和 q 两个语句，那么二者真假的可能排列有：

	p	q
1.	T	T
2.	T	F
3.	F	T
4.	F	F

"我们看这里的排列，"老教授指着纸上写的道，"就可以知道，p 和 q 两个语句，二者的真假可能排列不能少于四种，也不能多于四种——不多不少，刚好是四种。第 1 种是 p 和 q 二者都真；第 2 种是 p 真而 q 假；第 3 种是 p 假而 q 真；第 4 种是 p 和 q 两者皆假。p 和 q 的这种真假可能排列，与上述美与健的可能排列是一一相当的吧！因我们了解美与健的可能排列，就可了解 p 和 q 的真假可能排列。假如我们所取的语句有 p、q、r 三个呢？那么它们的真假可能排列自然有八：

p	q	r
T	T	T
T	T	F
T	F	T
T	F	F
F	T	T
F	T	F
F	F	T
F	F	F

"在理论上，我们所取的语句可以有 n 个之多。每一语句既经假定有真假二值，于是 n 个语句的真假值就有 2^n。所以，n 个语句的真假可能排列概依 2^n 的公式来计算。……不过，在实际上，我们所取的语句，通常是三个或四个；多于此数就不方便。

"我们知道了 p、q 等语句的真值情形，我们就可以进一步知道，现代逻辑家规定，在什么真值情形之下 p⊃q 为真。关于这一点，用表格法可以表现得最清楚：

	p q	p⊃q
1.	TT	T
2.	TF	F
3.	FT	T
4.	FF	T

"这个表格告诉我们：在第一种条件之下，p⊃q为真。这也就是说，如果p真而且q也真，则p⊃q也真。例如，'假若患血压病的人饮酒过量，那么血压增高'。在第二种条件之下，p⊃q为假。这也就是说，如果p是真的而q是假的，那么p⊃q整个是假的。例如说，'如果×××死了，那么我吃下这顶呢帽。'在事实上，×××死了，但我不会吃下这顶呢帽。……×××死了，我们正好喝杯酒哩！在第三种条件之下，p⊃q为真。这也就是说，如果p是假的而q是真的，那么p⊃q整个是真的。例如，'如果太阳从西边出来，那么天文学家修正其学说'。在实际上，太阳不会从西边出来；而尽管如此，天文学家时常修正其学说。在第四种条件之下，p⊃q也为真。这就是说，在p为假而q也为假时，p⊃q整个是真的。关于这一条，各位只要记得逻辑只管形式不管经验内容便可明了。在这一条件之下，虽然p是假的，q也是假的，但这影响不到p与q之间的蕴涵关系。p和q自己是假的，这是一件事；p和q之间有蕴涵关系，这是另一回事，我们必须分别清楚。p和q尽管都假，但二者之间的蕴涵关系存在时，p⊃q当然真。例如，'如果恐龙现在飞得起来，那么现在天昏地暗'。现在没有恐龙，也没有天昏地暗。

所以二者皆假，但整个蕴涵关系成立。

"从上面所陈示，我们可以知道，在表格所列的真值情形中，只有在第二种条件之下 p⊃q 才假；在其余条件之下，p⊃q 皆真。这样看来，p⊃q 所表示的蕴涵关系是比较宽泛的一种关系。虽然比较宽泛，却为我们所不可少。因为，条件推论是有赖于这种关系的。"

"吴先生！您说的蕴涵关系，在第一种情形下成立，那是很自然的。可是在第三种情形下也成立，即如 p 假而 q 真时也成立，这似乎不符合习惯。照我们想，p 假而 q 真是不可能的。"王蕴理说。

"是的，'p 假而 q 真是不可能的'，这在一种说法之下是如此。哈佛大学教授刘易斯（Lewis）就是这么说的，他并本着这种说法而发展出了那有名的严格蕴涵系统（system of strict implication）。不过，为数学的精确推理上的便利，我们必须承认包含第三种情形的蕴涵关系成立，严格的科学语言也少不了它。这方面的理由，我们现在不讨论。……至于符合习惯与否，并非真假与否的标准。科学常常打破常识的习惯或成规。科学的结论也常使我们觉得不自然。这……是我们应该努力去接近的。

"我们以上所说的，主要的，是现代逻辑家对于 p⊃q 这样形式之解释。……"老教授沉思一会儿，接着说，"除此以外，对于这个形式，还有一种传统的解释。这种传统的解释对于科学的研究，以及日常的推理，都是多少有帮助的。在传统的解释中，我们把 p 叫作前件（antecedent），把 q 叫作后件（consequent）。"

"前件与后件有什么关系呢？"周文璞插嘴问。

"我正预备作进一步的说明。前件对于后件而言，有二种关系：第一，充足条件（sufficient condition）；第二，充足而又必须的条

第五次　条件推论

件（sufficient and necessary condition）。后件对于前件而言，乃必须条件（necessary condition）。

"这三种条件决定条件语句的前件与后件之间的推论可能，所以非常重要。这三种条件，在经验科学里引用起来，我们更可以看出它们的重要。我们现在要依次解释一下。"

吴先生抽一口烟，沉思一会儿，接着说："我们先讨论什么叫作充足条件。如果有 X 则有 Y，而且无 X 则有 Y 或无 Y，那么 X 为 Y 的充足条件。这就是说，如果有 X 那么便有 Y；可是，没有 X，不见得一定没有 Y；没 X 时，也许有 Y，也许无 Y。如果 X 对于 Y 有这样的关系，那么 X 便是 Y 的充足条件。举个例子吧！如果出太阳，那么人看得见，可是不出太阳时人不见得一定看不见，因为出月亮或有电灯时，人照样看得见。在这样的关系中，'出太阳'是'看得见'的充足的条件。同样，我们在前面所说的'下雨'也只是'地湿'的一个充足条件。因为，下雨地固然湿；但不下雨，地不见得一定不湿。

"其次，我们要讨论必须条件。《墨子·经说上》有一句话：'小故，有之不必然，无之必不然。'在这一句话中，'有之不必然，无之必不然'用来表示必须条件真是再恰当也没有了。这句话翻译成我们现代的语言是：如果有 X 那么有 Y 或无 Y，而无 X 时则无 Y；那么 X 为 Y 的必须条件。这也就是说，如果有 X 那么也许有 Y，也许无 Y，不一定；可是，如果无 X，那么一定也就无 Y。这就是所谓'有之不必然，无之必不然'。当花是有颜色的时固然不必是紫的；可是如果花是没有颜色的，那么一定不是紫的。如果花没有颜色，那么便根本说不上紫的或黄的或蓝的。在这种关联上，'有颜色'是'紫色'的必须条件。

"我刚才举这个例子来说明什么是必须条件,二位也许觉得显然易明。但是,这种条件如果混搅在复杂的事物之中,恐怕不见得如此显然易明吧!例如,经济条件,在我们看来,对于人类的美好生活只是一个必须条件;可是,由于长期有计划的宣传或现实生活苦恼之影响,许多人把它当作美好生活之充足而必须的条件。这显然是不正确的。我们固然可以说,经济条件不满足时,人不能有美好的生活,但我们不能反过来说,经济条件满足了,人便有美好的生活。因为,即使经济条件满足了,而其他条件如道德、秩序、科学、艺术等未满足时,人仍无美好生活,是不是?其他依此类推。

"第三,我们要谈谈什么是充足而又必须的条件。《墨子·经说上》说:'大故,有之必然,无之必不然。'这话可算是充足而又必须的条件之简明的陈述。用现代的语言来说,充足而又必须的条件是:如果有 X 则有 Y,而且如果无 X 则无 Y,那么 X 为 Y 之充足而又必须的条件。如果二氢一氧相化合,那么成水;如果无二氢一氧相化合,那么就不能成水。在这种情形之下,'二氢一氧化合'乃'成水'之充足而又必须的条件。直到此刻为止,还不能用人为方法制出叶绿素。要制出叶绿素,必须靠日光。如果没有日光,便没有叶绿素。如果有日光,便有叶绿素。在这种情形之下,我们说'日光'是'叶绿素'制出之充足而又必须的条件。

"我们必须明了,充足而又必须的条件在自然界的研究中是较多的。所以,自然科学家所希望求得的条件,多为充足而又必须的条件。但是,在社会现象或人文现象中,许许多多条件常常是相互交织或彼此牵连的。于是,这些条件常常互为充足条件,或互为必须条件。所以,至今为止,除经济科学——不是什么史观——稍具科学面目以外,所谓社会科学,远不及自然科学来得精确。明了了这个道理,那么,如果目前有人说他在社会现象里发现了唯一的真理,并且可借之以解决整个人类的整个问题,我们似乎需要以极其谨慎的态度予以考虑。"

"……复次,"他又补充说,"我们要明了,上述三种条件不过是三种格式,或三种型定方式(formulations)。我们在上面说有三个条件,这话并不表示在这个世界上有哪些现象天生是另一种现象的必须条件,哪些现象天生是其他现象的充足条件,等等。在理论物理学中,我们要接近一个概念,不只可经由一条路径,而可经由几条路径。类似地,我们要把那一现象当作充足条件,或必须条件,或充足而又必须的条件,这全视情境的需要甚或研究程序上的便利而定。所以,我们不可看得太胶执。我们栽一株玫瑰,当土壤、空气、日光和水分俱备,但无磷肥它未开花。这时,我们加入适量的磷肥,玫瑰就开花了。在这种情境之下,'加入磷肥'是'开花'的充足条件,或充足而又必要的条件。可是,如果其他条件未满足,例如没有水分,则虽已经加入磷肥,也未必开花。在这种情境之下,'加入磷肥'对于'开花'而言,就不成必须[1]条件了。这样看来,一个条件是否为充足条件,或是否为必须条件,等等,不能由它仅由一组因素所构成的一个情境中去决定。所以,我说,何者为何种条件,全视情境的需要甚或研究程序上的便利而定,不可胶执。不过,"老教授眉头闪动,眼中露出一股严肃的光芒,他说,"我们的思路不要顺着沟儿溜,以为'不可胶执'就是可以'随随便便'。我们已经说过,决定何者为何种条件,是要视情境的需要甚或研究程序上的便利而定。既然如此,情境的需要以及研究程序上的便利,就

---

[1] "必须"两字应为"充足"之误。——原编注

是决定何者为何种条件的条件。是不是？既是有条件的，当然就不是可以随便把什么当作什么条件的。是不是？复次，"老教授加重语气说，"一旦我们因情境的需要或研究程序上的便利而决定了什么是什么条件以后，我们据之以行推理时，更不能随随便便，而是要依照逻辑规律行事的。"

说到这里，吴先生将身子靠在椅背上休息了一会儿，慢慢吸着烟。然后，他又开始说："在以上我们解释了什么是条件语句、前件、后件，以及充足条件、必须条件，和充足又必须的条件。现在，我们要进而谈谈条件推论的一些规律。一提到'规律'二位不要头痛。其实，如果明了了条件语句的性质，明了了什么是前件和后件以及上述三种条件，自然会明了我所要谈的规律，用不着死记的。就一般的情形而论，前件与后件是充足条件对必须条件的关系。所以，我们还是从这一关系开始吧！

"如果前件为后件的充足条件而且后件为前件的必须条件，那么推论规律有四条：

"第一条，从前件真可以推论后件亦真。这就是说，肯定前件可以肯定后件。这一条的道理是很显而易见的。因为前件是后件的充足条件。既然如此，于是前件满足时，后件亦随之而满足。如果温度增高，那么物体膨胀。在其他情境不变之下，温度增高了，物体随之而膨胀。

"第二条，从前件假不可以推论后件真或假。这也就是说，前件假时，后件可真可假，不一定。这个道理也是显然易见的，前件是后件的充足条件，充足条件可以不止一个而可有许多个。一个充足条件不满足时，也许别的充足条件可以满足。既然如此，我们不能因某一个充足条件未满足而否定后件。总而言之，一个充足条件未满足时，其他充足条件是否满足，不得而知。既不得而知，于是我们不能由一个充足条件为假而推论后件是真的还是假的。例如，构成人死的充足条件很多。人可以被打死、杀死、饿死、病死、气死、老死……假如我们说，'如果某人被杀，那么他死了'，可是我们不能接着说，'如果某人未被杀，那么他不死'，因为，他也许被打死、饿死……在这类情形之下，否定前件不能否定后件。可是，有的情形不同。例如'如果他的功课平均得九十分，那么他可以得到优秀生奖学金'；可是'如果他的功课平均没有九十分，那么他得不到优秀生奖学金'。在这种情形之下，否定前件可以否定后件。既然在有的情形之下否定前件不可以否定后件，而在有的情形之下否定前件可以否定后件，而逻辑所说的永远是普遍的 p 和 q，所以从否定前件一概不否定或不肯定后件，便永远不会错。因为，既说是逻辑规律，必须存有普遍妥当性。所谓普遍妥当性，即对于每一个情形都真。这是逻辑规律的特色。"

"我们说真假不定，因而不作积极肯定，这有什么用呢？"周文璞赶紧问。

"哎！"吴先生叹了一口气，"年轻人就喜欢简单的确定（simple certainty）这类的说辞，真是害人不浅！如果不能确定的事物，我们就还它一个不能确定，老老实实说不能确定，留着一步一步去切实研究，理就可明白了……世界也不就太平了吗？逻辑之为学，从一方面看来，就是严格地划分哪些是可以确定的、哪些是不能确定的之学。当世人常将不能确定的当作确定的，因而得到伪推论或伪知识时，逻辑家告诉人们哪一些推论不一定为真，或不一定为假，因而可避免得到伪知识或伪结论时，影响所至，岂不很有益人生吗？

"……其实,以上关于前件假则后件真假不定的解析,完全是为了说明的方便,否则用不着那么麻烦。我们只需规定(stipulate)若前件为后件的充足条件,那么前件假时,后件真假不定,就足够了。

"第三条,从后件真不可以推论前件真或假。这也就是说,当后件真时,我们既不可推论前件是真的,也不可以推论前件是假的。因为,后件真时,前件有时真,有时假,不一定。既然后件真时前件真假不定,所以不能作任何推论。我们在从前举的例子,说'如果下雨,那么地湿',周文璞马上就接着说'地湿了,所以下了雨',这就是由肯定后件而肯定前件,即由后件之真而推论前件亦真。一般人容易这样想。但是,这样的想法是不妥当的。因为别的原因也可以导致地湿,所以,我们不能由'地湿'而推论'下雨'。逻辑的训练告诉我们:如果这样想,所得到的推论不一定有效。对于'下雨'与'地湿'这样简单而易于指明的前件与后件之间的关联,二位也许觉得并不严重,不需要逻辑训练即可辨明。但是,碰到复杂的知识,我们不知悉前件与后件的关系时,如没有逻辑训练,而且不知道前件与后件之间的这些推论应守的分寸时,一定难免弄出错误。从前有位学者,他作了一篇论文,说墨子出于印度。他的理由是墨子是墨者,而印度人也是黑的,所以,墨子出于印度。这就是犯了肯定后件因而肯定前件的错误。他的推理方式可以写成:

如果 X 是印度人,那么 X 是黑的。
X 是黑的,所以 X 是印度人。

"这种推论与周文璞最先所作的是一样的。这样看来,逻辑训练还不重要吗?

"第四条，从后件假可以推论前件必假。这也就是说，必须条件未能满足时，充足条件必不能满足。如果□是一动物，那么必然是一生物；但是，如□根本连生物都不是，那么当然更说不上是动物了。[1]

"总结以上所说的，前件真时，有肯定的推论力；后件假时，有否定的推论力。可是前件假和后件真时，都没有推论力。……各位明白了吧？"

"明白了。"王蕴理说，"如果前件是充足而又必须的条件，那么推论必须依照什么规律呢？"

"如果前件是充足而又必须的条件，那么推论规律是对称的，非常简单。即如前件真则后件真，如前件假则后件假；如后件真则前件真，如后件假则前件假。"

"这样说来，"王蕴理说，"我们首先必须将前件确定清楚，看它究竟是充足条件还是充足而又必须的条件，然后才能决定引用什么推论规律。是不是？"

"是的，"吴先生答道，"不过，逻辑只是告诉我们有这些条件以及这些条件的推论规律。至若哪些前件是充足条件、哪些前件是充足而必要的条件，那不是逻辑的事。可是，只有我们决定了哪些前件是什么条件，再运用推论规律时，我们才走进逻辑的范围。这是必须划分清楚的。"

---

[1] 此句原著中有两空格，疑有脱字，应加入类似"甲"或"X"等字眼，成为"如果甲是一动物，那么必然是一生物；但是，如甲根本连生物都不是，那么当然更说不上是动物了。"——原编注

第六次 二难式

"如果你结婚,那么便有家室之累;如果你不结婚,那么便会感到孤独苦闷。你只有结婚或不结婚二种可能,所以你不是会有家室之累,便是会感到孤独苦闷。"吴先生笑着说,"周文璞!你怎么办?到底要不要结婚?"

周文璞思索一会儿,显出困惑的样子,无词以对。

"请问,这是不是一个逻辑问题?"王蕴理问。

"逻辑问题?"吴先生一闪眼,"你问得有点笼统,这个问题是应该分开说的。如果就他要不要结婚这个事实来说,当然与逻辑不相干,因而也就不是一个逻辑问题。可是,如果就刚才用语言表达的论证形式来说,那就是一个逻辑问题。……周文璞!你刚才给我的问题难倒了,是不是?"

"是的。"

"你觉得答应结婚也不好,答应不结婚也不好,是不是?"

"是的。"

"对了!"吴先生笑道,"你给难住了!这种论辩方式就是二难式,原文叫作 dilemma。二难式是古代希腊辩士创出的。猎人常常设个陷阱，野兽落入其中，不能跳出，最后被猎人擒获。同样，希腊辩士常常拿这种辩论方式设成一个语言或思想圈套，使陷入其中的人无论反对或赞成哪一端，都感到困惑，无以自拔，以致论辩失败。所以，这种辩论方式叫作二难式。现在，善于才辩的人碰着机会也常用这种方式来难人。

"二难式的形式是很多的。可是它的基本形式可以分作四种：

"第一种是简单肯定前件的二难式。我们说：'如果天气热，那么人很难受；如果天气冷，那么，人也很难受。天气只有热或冷，所以人总是难受。'

"以上所说的，不过是简单肯定前件的二难式之一例而已。各位请特别注意。我之所以举例，完全是为着便于了解。其实，逻辑之成立不靠实例。我们在研究逻辑时，最要注重的是逻辑形式。如果我们不注重逻辑形式，而只注重说明的实例，那么我们将一辈子在逻辑门外转来转去，而不得其门而入，更谈不到应用逻辑了。因此，在我们一看到所举实例的时候，立即应该想到借这实例所表征出来的逻辑形式。上面的一个例子所表征的简单肯定前件的二难式之形式是这样的。"

吴先生拿起铅笔在纸上写着：

> 如果甲则丙；如果乙则丙
> 甲或乙
> _____
> ∴ 丙

"第二种是简单否定后件的二难式。我们说：'如果马林科夫想统治世界，那么他需拥有超级原子弹；如果马林科夫想统治世界，那么他的作风需使全世界的人心悦诚服。然而，马林科夫既未拥有超级原子弹，又不能使全世界的人心悦诚服，所以马林科夫不能统治全世界。'我们可以再列举一个比较难以对付的例子。"老教授写着：

一个东西是在它所在的一点动
或者在它所不在的一点动
一个东西既不能在它所在的一点动
又不能在它所不在的一点动
———————————————
所以，一个东西总是不能动

"这种二难式的形式是，"吴先生又写道：

如果甲则乙，如果甲则丙
非乙或非丙
———————————————
∴非甲

"第三种是复合肯定前件的二难式。例如说：'如果学而不思则罔；如果思而不学则殆。或者不思或者不学，所以非罔即殆。'又如《孟子》上说的：'如周公知而使之是不仁也；如不知而使之，是不智也。周公必知而使之，或不知而使之。故周公不仁或为不智。'（未全照原文）在举实例的时候，为着修辞的方便，我们常常没有把它照逻辑形式摆出来。但这是很容易的事。这个实例就不难照逻辑方式重写一遍。不过，这却大可不必。

"这种二难式的形式是：

如果甲则乙；如果丙则丁
甲或丙
_____

∴ 乙或丁

"由这个形式，我们可以知道复合的肯定前件的二难式是从二个不同的假定前提和一个选取的前提，得到一个选取结论。

"第四种是复合否定后件的二难式。比方说：'如果他有恻隐之心，那么他不做害人的事；如果他有羞恶之心，那么他便不做无耻之事。他现在所做的事不是害人便是无耻，所以他不是无恻隐之心，便是无羞恶之心'。再比如说：'如果一个人是聪明的，那么他知道自己的错误；如果他是诚实的，那么他会承认自己的错误。他不知道自己的错误或不承认自己的错误。所以，他不聪明或是不诚实。'

"这种二难式的形式是：

如果甲则乙；如果丙则丁
非乙或非丁
_____

∴非甲或非丙

"我们在以上将二难式的四种形式讨论过了。"吴先生抽了一口烟，休息了一会儿，接着说，"从辩难的观点看来，二难式是很有力量的一种辩论方式。可是，从逻辑观点来看，二难式根本是多余的。从上面所陈列的形式来看，各位不难看出，二难式在基础上是条件推论和选取推论二者复合起来构成的。而且分析到最后，二者又可以完全化约而为选取推论。不过，这是一个技术问题，我们在这里不能也不必去管它。可是二难式既是由条件推论和选取推论复合而成的，于是在作二难推论时，也不可不依照这二种推论所须依照的规律。这是我们应该注意的。……复次，二难式的论目，至少在理论上，不限于二个，可以有三难、四难，以至于 N 难。而且，各位尤其要注意，所谓的'难'根本是一个心理状态。在逻辑上，没有难不难的问题。"

"二难式有办法破吗？"周文璞急忙问。

"有的。"吴先生说，"反驳二难式的方法有三：第一，否认前件为后件的充分条件。第二，否认选取语句是互不相容或是共同穷尽的。第三，作一个二难式使结论与之相反，各位可以自己试试。

"我在前面说：'如果你结婚，那么便有家室之累；如果你不结婚，那么便会感到孤独苦闷。你只有结婚或不结婚二种可能，所以你不是会有家室之累便是会感到孤独苦闷。'如果你要反驳这个二难式是不难的。你可以说：'如果我结婚，那么可有伴侣之乐；如果我不结婚，那么可免家室之累。我只有结婚或不结婚二个可能，所以，我或是有伴侣之乐或是可免于家室之累。'这不刚好针锋相对吗？这种反驳的办法，就是借打破前件为后件的充足条件之关联而另作一个二难式。"

"这倒是很妙的！"周文璞说。

"我们还可举出一个有名的例子，也是很妙的。"吴先生说，"古代希腊辩士普罗泰戈拉（Protagoras）和伊纳塞拉斯（Enathlas）二人之间订立了一个合同。合同中所规定的条件有三个：第一，普罗泰戈拉教伊纳塞拉斯法律；第二，毕业时伊纳塞拉斯须付束修的一半；第三，其余的一半须于伊纳塞拉斯第一次官司打胜时付清。可是，卒业后，伊纳塞拉斯并未执行律师事务。普罗泰戈拉等得不耐烦，就到法庭去控告伊纳塞拉斯。他控告时就提出这样的一个二难式。"老教授顺手写道：

    如果伊纳塞拉斯胜诉，那么依合同
    他得付债；如果伊纳塞拉斯败
    诉，那么依法庭判决他得付债
   伊纳塞拉斯无非是胜诉或败诉
   ―――――――――――――――
   所以，他一定得付债

"可是，"老教授笑道，"他这位学生也刁钻得很。他造出与普罗泰戈拉的二难式完全相反的二难式。"他又写下：

   如果我胜诉，那么依法庭判决我不应付债；
    如果我败诉，那么依照合同我不应付债
   我无非是胜诉或败诉
   ―――――――――――――――
   所以，我总不应付债

"哈哈！这师生两人可谓旗鼓相当、针锋相对！普罗泰戈拉的二难式看起来很难得倒人；可是，经伊纳塞拉斯造出相反的二难式一驳，就把它的力量抵消了。……我现在请问二位，为什么会发生这样的情形？"

他们一面思索，一面摇头。

"这种情形之所以会发生，是由于二人各自采取了不同的条件。各人把有利于己的条件往自己这一边拉，借之造成二难式；而把不利于己的条件扔在一旁不提，于是自然造成这种大相径庭的局势。在他们师徒二人的论难中，有两种条件：一是法庭判决；二是合同条件。法庭判决包含两种可能：一、无论何人胜诉不付债；二、败诉得付债。合同条件则相反，即：三、学生胜诉得付债；四、学生败诉不付债。这里一共有四个条件。其中二、三两个条件有利于老师，而一、四两个条件有利于学生。于是老师根据二、三两个条件构作一个二难式；学生拿一、四两个条件构作另一个二难式。这种辩难乍视起来颇使人难以招架。但是，依刚才的解析看来，实在是各说各的，彼此并未碰头，即 never meet。既然彼此并未碰头，就是各不相干。可是，如果我们不加解析，就给它迷惑住了。可见解析之重要。"

"学逻辑就可养成解析的头脑吗？"王蕴理问。

"是的，多弄弄逻辑，就可增进我们解析的技术。只有从事解析，才可把我们的头脑弄清楚。"

第七次 语句和类

"我们谈逻辑谈了这许久,谈了几种推论。在这几种推论之中,我们常常提到语句。可是,我们在这些场合中提到语句,只假定了语句,而对于语句未曾分析。我们在以上之所以如此,是因为在那些推论之中,我们只需以未经解析的语句作推论中的元素就够了。可是,这种办法对于以后所要说的推论行不通,我们在以后所要谈的推论是以经过解析的语句作骨架的。因此,我们在这里必须对语句加以解析,以未经解析语句作元素的推论可说是外部推论(outward inference)。所谓外部推论,所涉及的是语句与语句之间的逻辑关系。在这种情形之下,推论有效与否和各个语句自身内部的结构毫不相干。而以经过解析的语句作骨架的推论,叫作内部推论(inward inference)。所谓内部推论,所涉及的并不是每一语句可能表示的特殊内容(content),而是语句内部的逻辑结构。比如说,什么包含什么,什么是什么的一分子,等等。在这种情形之下,推论有效与否,和语句自身内部这类的结构直接相干。"吴先生一面说着一面抽烟。

"我简直不懂。"周文璞很着急的样子。

"这当然需要一番解释。"老教授继续道,"我们在前几次所说的选取推论和条件推论以及二者之复合,都是外部推论。兹以条件推论为例。在条件推论中,我们曾经用过 p、q 等字母。在这种场合,p、q……叫作变量,严格地说,叫作自由变量(free variables)。代数学里也有变量,如 X、Y 等。在条件推论之中,我们以 p、q 各别代表任何语句。在这种推论之中,只要合于这种推论的规律,以 p、q 代表语句所行的这种推论总是有效的。在这种场合,我们根本不知道 p、q……的内部结构,而且我们根本无须过问它们的内部结构。当我们根本不知道 p、q……的内部结构时,条件推论照样有效。例如说,如果我们知道 p 涵蕴 q,而且又知道 q 涵蕴 r,那么,我们可以不问 p、q、r 各别地代表什么,更不必问 p、q、r 这些语句的内部结构如何,我们可以确切无疑地说 p 涵蕴 r。这样的推论就是外部推论。既然外部推论完全不靠语句的内部结构,这好比从前津浦铁路,火车从浦口开到南京,车内乘客根本不用换车,而是火车乘渡轮到南京似的。载人的火车还是原来的火车,火车内的人还是原来的人。所不同的,只是火车由浦口过渡到南京而已,内容毫无改变。"

"那么,内部推论是怎样的呢?"王蕴理问。

"我预备以后有机会作比较详细的解析。不过,在谈内部推论之先,我们必须对于'语句'有所了解。我们现在就来谈这一点。我们著书立说,写文章,写信,或表达情意,常借语言来进行。我们在借着语言来进行这些事的时候,所用的有意义的单位,总是语句。当然,在我们日常言谈之间,不一定完全说出一完整的语句。例如'火!'。在这类情形之中,完整的语句形式是隐伏不见的;虽然隐伏不见,可是还是有完整的意义。例如'城门失火!'。我们在有些场合之中说话或写文章，为了简短有力，或为了动听，或为了逗趣……常常不说出完整的语句，而只说出一二个字。比如在看戏时，我们喝彩，就说'好！''妙！'。我们不说'这戏唱得真好！'，否则就太笨了，是不是？但是，在严格的语言之科学的用法里，却要求我们陈述完整的语句。简短有力、动听、逗趣的语言不见得是精确的语言，精确的语言不见得都是简短有力的、动听的、或逗趣的。我在这里所谓的'精确'语言，至少有一方面的意义，就是能够确定其真正的所指；或能够确定其真假。严格的语言之科学的用法，必须满足这一点。所以，我们在这里所说的'语句'是形式明显而且语法完备的语句。例如，'莎士比亚是《威尼斯商人》剧本的作者'。

"但是，希望各位注意，我们说合于科学用法的语句是语法形式完备的语句，可是，并不是说语法形式完备的语句就一定是合于科学用法的语句，合于科学用法的语句是语法形式完备的语句之一种或一部分而已。各位都读过英文文法，英文文法告诉我们，语句有四种：一、请求或希望或命令语句；二、询问语句；三、惊叹语句；四、直叙语句。第一种，例如'请你明天来开会'或'愿上帝保佑自由人'。第二种，例如'你喜欢喝葡萄酒吗？''第三次世界大战谁先动手？'。第三种，例如'哎呀！原子弹爆发了！''啊哟！木屋区失火了！'。第四种，例如'纽约市有八百万人口''地球是三角形的'。

"在这四种语句之中，前三种是没有真假可言的。它们也许是伦理或宗教或文学的工具，但不是逻辑的工具。逻辑的工具是第四种语句，即直叙语句。……不过，"吴先生特别加重语气，"我们必须分辨清楚，在逻辑以直叙语句为研究工具时，逻辑既不研究一个一个特殊的直叙语句的特殊内容,又不研究它的文法构造,而只研究其普遍的语法结构(syntactical structures),或有时涉及其语意条件(semantical conditions)。当然,关于这一方面,我们在此只能提到而已。我们在此不能走得太远。这里所说的直叙语句,许多逻辑家叫作'命辞'(proposition)。语句和命辞的分别是一个哲学问题,对于我们不甚重要。因此,我们在这里用'语句',是不过问命辞和语句有什么区别的。复次,我们为了简便起见,以'语句'代替'直叙语句'。以前是如此,以后也将如此。

"在一般情形之下,语句有一个主词、一个系词和一个宾词。例如,在'海鸥是白的'这个语句之中,'海鸥'是主词,'是'乃系词,'白的'乃宾词。我们将语句分作主词、宾词和系词,因而这种语句形式叫作'主宾词式'(subject-predicate form),这种解析是传统的。这种传统的解析与文法上对于语句的解析很相似,因而也易相混。所以,有许多人老是将逻辑与文法分不开。其实,语句不必分解为主宾词式,即令可分解为主宾词式,形式也不限于这一种。可是,为了集中注意力起见,我们也不讨论。

"我们现在为了得到逻辑的简便,将主宾词式的语句分作包含二个词端(terms)和一个系词(connective)二者。在主词地位的词端可以是一个类(class),也可以是一个体。例如,在'海鸥是水鸟'这个语句中,主位词端'海鸥'是一个类,即海鸥之类。在'罗素是哲学家'这个语句中,主位词端'罗素'是一个体。这一个体乃'哲学家'这一类的一分子。在宾词地位的词端可以是一个类,也可以是一个体。前者如'海鸥是水鸟'中的'水鸟';后者如'张居正是张江陵'中的'张江陵'。"

"假如在宾位的词端是一形容词,那么怎么办呢?"王蕴理问。

"形容词是文法中的元素，它与逻辑不相干的。如果主宾词式的语句的宾位词端是一形容词，那么我们很容易把它变成类，我们把它看作类。前例'海鸥是白的'中，'白的'从文法观点看是一形容词，或说海鸥有白的属性，但从严格逻辑技术的观点看，'白的'乃一类，即'白的东西'或'白的动物'之类，于是'海鸥是白的'变成'海鸥是白的动物'。这也就等于说'海鸥之类被包含在白的动物之类之中'。当然，"老教授笑道，"这是逻辑呆子说话的口气。这样说话太笨，平常没有人这样说话的。不过，从逻辑的观点看，我们必须明了'海鸥是白的'等于'海鸥之类被包含在白的动物之类之中'。这样展布开，我们的思想才清楚。我们遇到宾位词端在文法上是一形容词时，一概可以这样处理的。"

"'白的'是一种性质，我们怎么可以将其视作类呢？"王蕴理又问。

"从前的逻辑家以为性质与类不同。这种看法是受文法的影响，也受文法的限制。他们以为性质是内涵（intension），类是外范（extension）。可是，至少从逻辑之现代技术观点而言，内涵是可以外范化（extensionalize）的。因之，一个性质可以决定一个类。这样在技术处理（manipulation）上方便。所以，表示性质的形容词是很不难看作类的。

"现在，我们要分析分析系词。联系二个词端的联系者叫作系词。在主宾词式的语句里，系词主要乃'是'（is, are）字。因此，从前的逻辑家将这个'是'字看得非常重要。固然，相对于主宾词式的语句而言，'是'字的确重要；不过，在主宾词式的语句里，这个'是'字的用法相当混含。'是'字的用法很多。'是'之不同的用法可以产生不同的推论关系。所以，对于'是'之不同的用法，我们不可不弄清楚。"

老教授一面说着，一面弹弹烟灰："第一种用法，'是'字表示类的包含（class-inclusion）关系。'海鸥是水鸟'这个语句之中的'是'乃表示'海鸥'之类被包含在'水鸟'之类之中。第二种用法，'是'字表示类的分子关系（class-membership）。'艾森豪威尔是一个名将'这个语句中的'是'字乃表示'艾森豪威尔'乃'名将'这个类中之一分子。第三种用法，'是'字表示同一（identity）。'张居正是张江陵'，这个语句中的'是'字表示'张居正'与'张江陵'二个名称乃同一的个体。第四种用法，'是'字表示相等（equivalence）。'等角三角形是等边三角形'这个语句中的'是'字表示'等角三角形'等于'等边三角形'。

"逻辑传统将主宾词式的语句看得非常重要。逻辑传统是以主宾词式为研究的中心的。过去的逻辑家，以及现在涉及传统逻辑的人，以为主宾词式的语句是根本的语句形式，而且一切其他形式的语句都可以化约而为以后所要提到的四种主宾词式的语句。因此，一直迟至十九世纪中叶，逻辑还局限于以研究主宾词式的逻辑为主的一个狭小范围里。不过，虽然如此，逻辑传统对于主宾词式的语句所作的逻辑研究，仍有些可取的地方，而且主宾词式的语句为我们日常言谈所用的语句形式。所以，对于主宾词式的语句之逻辑，我们也不可忽略。

"依逻辑传统，我们可以将主宾词式的语句分作四种：全谓肯定语句（universal affirmative sentence）、全谓否定语句（universal negative sentence）、偏谓肯定语句（particular affirmative sentence）、偏谓否定语句（particular negative sentence）。对于这四种语句，我们可以从二个方面来观察：一是形式的特质；二是形式的分量。肯定和否定是形式的性质。形式的性质以后简称'性质'。全谓和偏谓是形式的分量。形式的分量以后简称'分量'。

"'凡属英雄都是好大喜功的'是全谓肯定语句。这个语句的意谓是，英雄之类被包含在好大喜功的人之类中。这也就是说，是英雄而不好大喜功的人之类是没有的。'没有守财奴是慷慨好义的'是全谓否定语句。这个语句的意谓是说，凡守财奴之类都不在慷慨好义的人之类中。这也就是说，是守财奴而又慷慨好义的人之类是没有的。'有些思想家是性情孤僻的'，这个语句是偏谓肯定语句。这个语句说，有些思想家之类是包含在有些性情孤僻的人之类之中。这也就是说，是思想家而又是性情孤僻的人之类不是没有的。'有些诗人是不好饮酒的'这个语句是偏谓否定语句。这个语句的意谓是，有些诗人包含在不好饮酒的人之类中。这也就是说，是诗人而又不好饮酒之类不是没有。

"在这四种语句之中，我们最应注意的，是'一切''有些''没有'等字样。这类的字样之作用，是表示形式的量化（formal quantification），所以叫作表形词字。所谓形式的量化，即语句中的一个词端指涉一个类的全部或一部分。一个语句具有表形词字，再加上系词，那么这个词句便是'在逻辑形式中'了。

"为了便于处理起见，从前的逻辑家给予这四种语句以四种称号。全谓肯定语句叫作 A，全谓否定语句叫作 E，偏谓肯定语句叫作 I，偏谓否定语句叫作 O。A、I 表示肯定语句，这是从拉丁字 affirmo 中抽出来的。E、O 表示否定语句，这是从拉丁字 nego 中抽出来的。

"如果我们以 S 代表主位词端，以 P 代表宾位词端，那么这四种语句的形式可以陈示如下。"老教授一边说，一边在纸上写着：

A　　一切 S 是 P
E　　没有 S 是 P
I　　有些 S 是 P
O　　有些 S 不是 P

"请各位特别注意呀!"老教授提高嗓音,"这四种语句形式中有一种情形与推论有直接的相干,它就是词端的普及与否,也就是前述形式的量化问题。如果词端所指涉的是一类的全部,那么这个词端是普及的(distributed)。如果词端所指涉的是一类的一部分或是未定的部分,那么这个词端是未普及的(undistributed)。我们现在可依这两个界说来看,在这四种语句形式之中哪些词端是普及的、哪些是未普及的。

"全谓肯定语句'凡属英雄都是好大喜功的'中,'英雄'显然是指所有的英雄而言,或指英雄之类之一切分子而言,所以是普及的。而'好大喜功的人'则未普及,因为英雄只是好大喜功的人之一部分,古代暴君也有好大喜功的。'英雄'之类只与'好大喜功的人'之类之未定的部分发生关联。全谓否定语句'没有守财奴是慷慨好义的'中,所有的守财奴都不是慷慨好义的人,守财奴之类之一切分子被排斥于慷慨好义的人之类。因此,'守财奴'是普及的。同样,所有慷慨好义的人不是守财奴,慷慨好义的人之类之一切分子被排斥于守财奴之类以外。因此,'慷慨好义的人'也是普及的。偏谓肯定语句'有些思想家是性情孤僻的'中,'思想家'为'有些'这一形式词字所限制,显然没有普及。'性情孤僻的人'也没有普及,因为'思想家'之类只与'性情孤僻的人'之类之未定部分发生联系。偏谓否定语句'有些诗人是不好饮酒的'中,'诗人'显然是未普及的；'不好饮酒的人'则是普及的，因为'有些诗人'被排斥于所有'不好饮酒的人'之类以外。

"我们可将以上所说的四种语句之已普及和未普及的情形列个表来表示一下，便可一望而知了。我们现在拿一个圆圈代表已普及，拿一个半圈代表未普及，那么便可列表于下。"老教授写着：

  A 一切 S○是 P⌣

  E 没有 S○是 P○

  I 有些 S⌣是 P⌣

  O 有些 S⌣不是 P○

"为了将来易于处理起见，这个表还可以简单化。我们现在假定语句的两端是不对称的，即○⌣不等于⌣○，而且⌣○不等于○⌣。在此有两种情形：一种情形是一端为○，另一端为⌣；还有一种情形是一端为⌣，另一端为○。而凡两端都用○或都用⌣表示的语句，两端在记号上没有区别，所以我们可以不管。于是，我们可以将上表更简化一点。"吴先生又写着：

  A ○⌣

  E ○○

  I ⌣⌣

  O ⌣○

"其实，我们一看○⌣，除了一目了然 A 之普及与否的情形以外，同时又知道了它就是 A。因为○⌣既不等于⌣○，所以只能是 A。

其余三者皆然。因此，我们简直连 A、E、I、O 都可以不要，而径直写那四排记号就够了。"他又写着：

$$\begin{array}{c}\bigcirc\smile\\\bigcirc\bigcirc\\\smile\smile\\\smile\bigcirc\end{array}$$

"词端普及与否的情形，与我们以后所要讨论的推论关系至大，所以我们必须弄个清楚明白。"

"吴先生，您在前面常常提到类。可是您似乎只假定了类，并没有讨论到它。是不是？"王蕴理提出这个问题。

"是的，我们在前面有好几次提到'类'，直到现在为止，我们已假定了类，而对于类尚无所讨论。"

"您可不可以把有关'类'的种种讲点给我们听呢？"周文璞问。

"我……正预备在这方面谈谈的。"老教授沉默了一会儿，接着说，"所谓的'类'，并不是逻辑家的专利品。我们在日常生活里思想时，处理东西时，常常用到类。比如，体育教员要学生站队，叫男生站一边，女生站另一边，这就是有意或无意依据性别之不同而分类的。摆香烟摊的人常常把牌子相同的烟放在一起，把另一种牌子的烟放在另一处，这就是依着牌子之同异而分类的。其他类此之事，不胜枚举。在这些分类中所用的，都是类概念。……不过，在日常生活中，分类之运用类概念，多是出于直觉，而且所用的类概念相当简陋。这样应付日常生活及日常语言中的需要，也许还不致捉襟见肘。但是，碰到繁复的情况，用这样简陋的类概念就应付不了。逻辑家对于类的处理，那就精细多、复杂多了。"

"精细和复杂到什么程度呢？请问！"王蕴理问。

"哦！其精细和复杂的程度，不是凭常识所能想象的，也绝不是用日常的语言文字所能表达的。我只说一点，二位就能明了：现代逻辑是够复杂的学问了，而全部现代逻辑可由此类概念之展演为骨干来构成，而且许许多多现代逻辑家就是这么办的。结果，现代逻辑与数学中的组论（set theory）互相表里。……可是，"吴先生轻咳了一声，接着说，"这种问题过于专门，不是我们现阶段所能接近的，而且必须用构造精密的符号语言（symbolic language）才能表达出来。好在我们此刻也不需要知道这些。我们现在所需要知道的，是关于类的基本知识，以及基本的表示法。当然，熟悉了这些，我们就可循序渐进，由简入繁，由浅入深。

"从逻辑之符号的观点而言，类是一种逻辑构造。从构思的程序着想，类是我们安排事物的一种便利方式。只要头脑不太混乱的人，常常会把性质相同的东西安排在一起；或者，依照其他标准来分别事物之异同，是不是？由前面所说的，我们可以知道，一种性质决定一个类。例如，'甜的'性质决定'甜的东西'之类，'香的'性质决定'香的东西'之类，等等。因此，具有某种性质的分子，也就可以说是某个类之分子。例如，具有甜的性质的东西之分子，亦即甜的东西之类之分子，等等都是。

"我们在前面说过，'海鸥'一词之所指，乃海鸥之类，等等。我们这样说，也许容易引起大家产生一个想法，以为所谓类就是分子之集合。如果我们这样想，那么就是把思想泥陷于常识之中，因而未免有时失之粗忽。因为一个类（class）并不仅仅是一堆分子之集合（collection）。一堆东西之集合，更不容易说是一个类。例如，把猪、孔雀、电灯和钢笔堆在一起，我们简直说不出这一堆是什么类。复次,吾人所经验到的大多数的类固然有分子,但是并非所有的类都有分子。例如,恐龙、独角兽、现在法国的王,等等,都无任何分子可言。

"我们现在可用符号来表示许多类,以及类与类之间的关系,小楷字母 a、b、c 各别用来表示任何类。相等记号'='表示一种关系。如果 a=b,而且 b=a,那么 a 和 b 二者是同一的。这也就是说,在此 a 的分子即 b 的分子,而且 b 的分子即 a 的分子。等边三角形的类之分子即等角三角形的类之分子。反之亦然。记号'×'表示逻辑积(logical product)。a×b 这个类为既是 a 又是 b 之类。记号'+'表示逻辑和(logical sum),a+b 为 a 或 b 之类。记号'—'表示'非'。a×-b 意即,是 a 而又非 b 的类。记号'○'表示没有分子的类,记号'I'表示讨论界域(universe of discourse)。依此,我们可以表示一些不同的类。"而老教授在纸上慢慢画着、写着:

  a —— a 类。
 -a —— 非 a 类。
  ab —— 是 a 又是 b 的类。像在代数里一样,a 与 b 之间的乘号省去。
 a+b —— 是 a 或 b 的类。更精确地说,是 a 或是 b,或为 a 与 b 二者之类。
 a-b —— 是 a 而且非 b 的类。
a+-b —— 是 a 或非 b,或为 a 与非 b 二者之类。
  ○ —— 空类;即没有分子之类。
  I —— 空类之反面,即全类。全类包含一切分子。

第七次 语句和类

"可是，无论空类或全类都是独类（unique class）。"老教授说，"所谓独类，意即没有两个与之相同的类。依此，没有两个空类，也没有两个全类。空类只有一个，全类也只有一个。"

"在实际上，有这样的类吗？"王蕴理问。

"有的。"老教授点点头，"地球就是独类。在一方面，地球自成一类。在另一方面，宇宙间没有两个行星叫作地球，所以它是独类……"老教授说到这里又写下去：

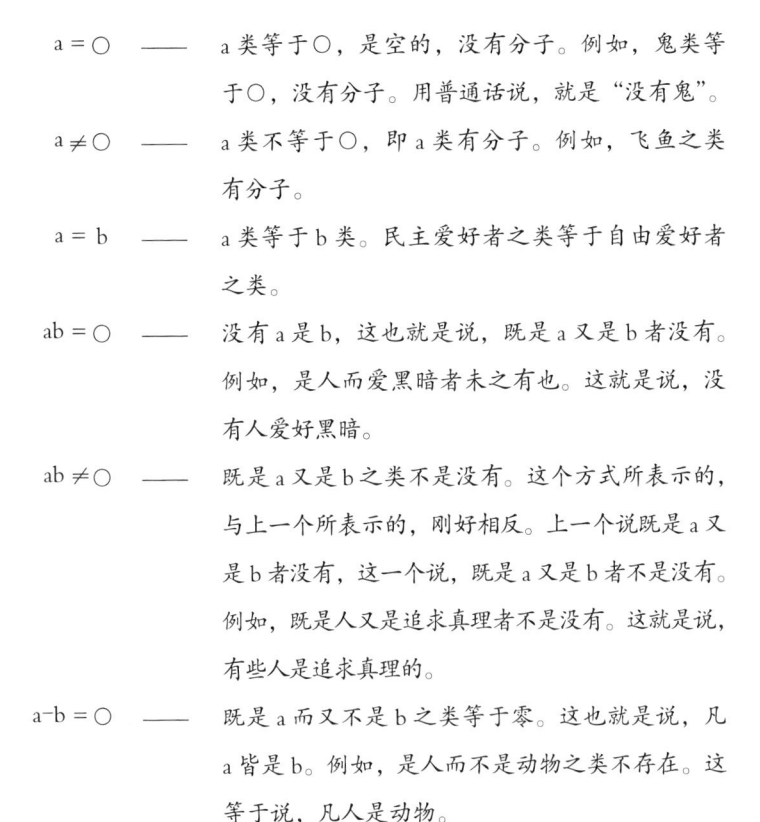

$a = 0$ —— a类等于0，是空的，没有分子。例如，鬼类等于0，没有分子。用普通话说，就是"没有鬼"。

$a \neq 0$ —— a类不等于0，即a类有分子。例如，飞鱼之类有分子。

$a = b$ —— a类等于b类。民主爱好者之类等于自由爱好者之类。

$ab = 0$ —— 没有a是b，这也就是说，既是a又是b者没有。例如，是人而爱黑暗者未之有也。这就是说，没有人爱好黑暗。

$ab \neq 0$ —— 既是a又是b之类不是没有。这个方式所表示的，与上一个所表示的，刚好相反。上一个说既是a又是b者没有，这一个说，既是a又是b者不是没有。例如，既是人又是追求真理者不是没有。这就是说，有些人是追求真理的。

$a\text{-}b = 0$ —— 既是a而又不是b之类等于零。这也就是说，凡a皆是b。例如，是人而不是动物之类不存在。这等于说，凡人是动物。

a-b≠○ —— 既是 a 而又不是 b 之类不等于零。这一条与上一条恰好相反。这一条说,既是 a 而又不是 b 之类是存在的。例如,既是哲学家而又不是性情怪癖者并非没有。这也就是说,有些哲学家不是性情怪癖的。

"吴先生,最后这四条,不就是您在上面已经说过的 E、I、A、O 四种语句吗?"王蕴理问。

"对了!对了!你看出来了!"老教授很高兴,"我在这里所写的最后四条,正是上述四种语句之逻辑代数学(algebra of logic)的表示。换句话说,我是用逻辑代数学的方式来表示 E、I、A、O 四种语句的。这种表现方式便于演算些。……除此以外,还有一种好处,即 E 与 I 是相反的,A 与 O 也是相反的。这两对语句之相反,在符号方式上可以一目了然。是不是?"

"什么叫作逻辑代数学呢?吴先生!"周文璞问。

"这个……等我们以后有机会再说。……除了上述以逻辑代数学的方式表示类以及类与类之间的关系,我们还可以用图解方法来表示。现在我们可以试试。"老教授换了一张纸连写带画:

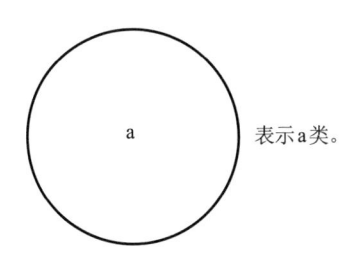

表示 a 类。

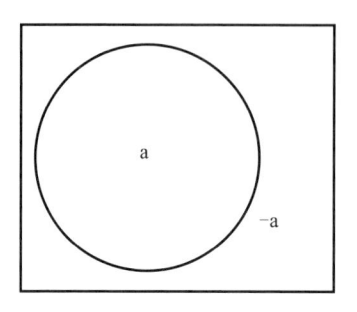

表示除 a 以外皆是非 a。圆圈以内系 a 的范围，圆圈以外方形以内的范围系非 a 的范围。a 与非 a 二者合共构成一个讨论界域。在此讨论界域以内，除了 a 便是非 a，除了非 a 便是 a。如以 a 代表任何东西，那么我们谈及任何东西，不能既不是 a 又不是非 a。a 或非 a，二者必具其一。一棵树要么是活的，要么不是活的，总不能既活又不活。所以，a 与非 a 既互相排斥，而又共同尽举可能。

"上面所画的，只限于一个类 a。假定有 a 与 b 两个类，那么怎样画呢？"老教授提出这个问题，看了看他们两个，然后又画着：

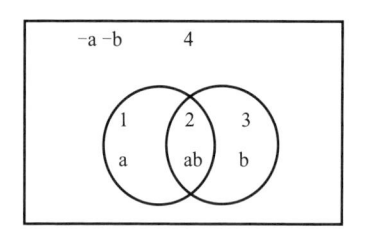

"请注意呀！"他说，"在这个图解中，一共有两个类，而每一个类又有正反两面。二乘二等于四。于是，两个类共有四个范围。

计有 1. a[1]；2. ab；3. b^2[2]；4. $-a-b$。这也就是说：一、有是 a 而不是 b 的部分；二、有既是 a 而又是 b 的部分；三、有是 b 而不是 a 的部分；四、有既非 a 又非 b 的部分。"

"如果我们明白了这个构图，那么，就可以利用它来表示 A、E、I 和 O 四种语句了。"老教授又兴致勃勃地换了一张纸画着：

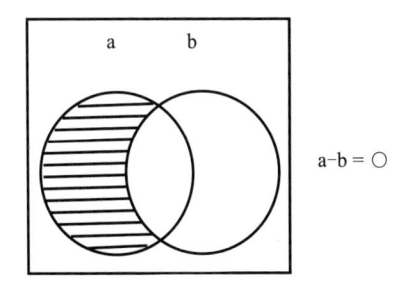

$a-b = \bigcirc$

在这个图解中，是 a 而非 b 的部分被黑线涂去了，结果，凡 a 皆 b。

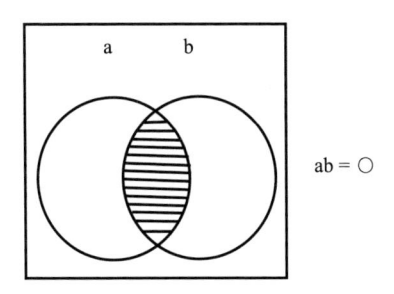

$ab = \bigcirc$

在此图解中，既是 a 又是 b 的部分被涂去。结果，没有 a

---

1. 此"a"应为"a-b"之误。——原编注
2. 此"b"应为"b-a"之误。——原编注

是b。

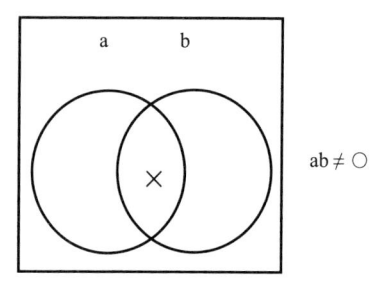

$ab \neq \bigcirc$

既是a又是b的部分未被涂去。"×"表示"有"。即有些a是b。

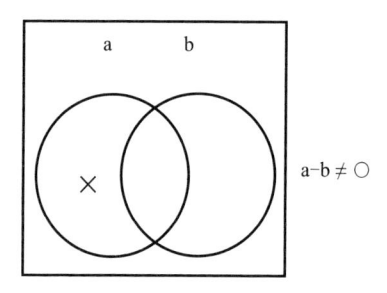

$a-b \neq \bigcirc$

此图表示，是a而又不是b者并非没有。即有些a不是b。

"这种图解是逻辑家维恩（Venn）所用的，所以又叫作维恩图解。这种图解法的妙处，就是利用空间关系来表示类的关系，可使我们一目了然。……各位自己也可依样画葫芦吧！"

第八次　位换和质换

"周先生，我请问你，假若我说'一切读书的人是有知识的'，我们可不可以因之而说'一切有知识的人是读书的人'？"吴先生一开头就问。

"这……这……这很难说。"周文璞显得很迟疑的样子。

"哦！你怎么没有从前那样爽快了？"

"这是许久以来听吴先生讲逻辑的结果。"王蕴理笑道。

"这要算一个不小的进步。说话多用脑筋想想，不一下子冲口而出，总是一种好的习惯。"吴先生笑着说。

"吴先生今天预备对我们讲什么呢？"王蕴理问。

"我今天预备讲讲几种说话的方式。当然，说话的方式很多，我在这里所谓的说话的几种方式，不是修辞方式，也不是如何动人的方式，而是严格从逻辑方面着眼的方式。我们在这里预备进行讨论的说话方式，系从 A、E、I 和 O 出发的。因而，我们的讨论也就限于 A、E、I、O 四种语句。第一种方式，逻辑传统叫作位换（conversion）；第二种方式叫作质换（obversion）。

"我们先讨论第一种方式。所谓位换，就是将上述四种语句之一之主位词端换到宾位去，而将宾位词端换到主位去。这样的更换不是可以任意为之的，而必须遵守二个规则。第一，在原来语句中没有普及的词端在换位语句中也不可普及。但是，这话并未禁止我们将已普及的词端变为不普及的词端。在某种条件之下，我们可以这样做。第二，不可变更原来语句之形式的性质。这也就是说，原来语句是肯定的，换位语句仍须为肯定的；原来语句是否定的，换位语句须为否定的。

"各位一看第一条规律，立刻就可以知道我们在上一次所说的A、E、I、O四种语句的词端之普及与否的情形是位换的重要依据。这也就是说，那四种语句的位换，要以它们的词端是否普及为依据。因此，依据上一次所说的四种语句的词端之普及与否的情形，我们可以决定那四种语句的换位可能。

"我们先看A吧！我们在上次说过，A的主位词端普及而宾位词端未普及。就以我刚才所说的'一切读书的人是有知识的人'为例，这个语句的主位词端'读书的人'是已普及的，而宾位词端'有知识的人'没有普及。根据位换的第一条规律，我们不能换作'一切有知识的人是读书的人'。因为，这样一换，在原来语句中没有普及的词端'有知识的人'到了换位语句中变成了普及的。这犯了第一条规律。"

"吴先生，这里也许包含'有知识的人'这个类的范围之大小怎样划定的问题。"周文璞说，"如果所谓'知识'不限于书本上的知识，那么'读书的人'的确是'有知识的人'之一部分，因而不可作刚才的位换。可是，如果所谓'知识'的解释只限于书本的知识，那么，'读书的人'就是'有知识的人'，而且'有知识的人'也就是'读书的人'。这样一来，'一切读书的人是有知识的人'换成'一切有知识的人是读书的人'，虽不合第一条规律，但内容是对的。我们何必因遵守形式规律而牺牲内容呢？"

"你这个问题问得相当有道理，但可惜不是一个逻辑问题。对于'知识'的范围大小之划分，各人有其自由，逻辑也不去规定。但是，请你注意逻辑所研究的，不是一个一个特殊的语句，而是某一种语句所共同具有的形式。因而，它所说的话，是对于某一语句之形式所说的话。于是，具有这种形式的一切语句之变换，都须以这种形式所须遵守的规律为依据。我们常常得注意，逻辑所要保证的是推论之普遍的效准。既言普遍的效准，当然必须对一切情形有效而无一例外。因此，如果有种推论方式，有时固然可得出真的结论，但有时则得出假的结论，既然如此，于是它并非对于一切情形有效，因此，我们必须放弃它……当然，"老教授提高声音，"每一种科学有一特定范围。如果我们进入某一特定范围，而且明白划定所要对付的题材，那么也可以试用特定的推论的程序。例如，在数学中，常常可以像你那样推论的，凡用等号表示的程序都可如此。你所作的推论，一个语句两头的词端可以互相对换，没有限制，我们叫作无限位换（unlimited conversion）。在逻辑上，我们在许多条件之下把一个语句两头的词端之互相对换，加上某些条件之限制。这种位换，我们叫它限量位换。……但是，我们不要以为这种分别是由于数学的推论与逻辑相反。无限位换在基本上如果可以行得通，那么限量位换自然更可以行得通，是不是？不过，限量位换行得通的语句多于可行无限位换的语句。所以，逻辑只规定限量位换的规律。上面的规律是普遍地对于具有 A 形式的一切语句而说的，并非对于某一具有 A 形式的语句之特殊内容而说的。这一点必须弄清楚。上面所举第一条规律说凡在原位语句没有普及的词端在换位语句也不可普及。这一条规律如不遵守，对于将'一切读书的人是有知识的人'换成'一切有知识的人是读书的人'这样的例子好像看不出很明显的毛病，可是，对于其他A式语句常常可以产生严重的后果。再举个A式语句为例吧！假如我们将'一切尼姑是女人'换位成'一切女人是尼姑'，那岂不糟糕？"

"哈哈！"

"哈哈！"

"如果遵守位换的第一条规律，那么就可保证不出这种笑话。"吴先生接着说，"当然，这种错误是显然易见的。我们知道并非一切女人都是尼姑，可是，这种错误之所以显然易见，不是依据逻辑的理由，而是依据经验知识。在我们具备某一语句所表示的经验知识时，我们固然可以特殊地决定它是否可以将在主位的词端和在宾位的词端对换。可是，在我们未具备某一词句所表示的经验知识时，我们就不能特殊地决定是否可以将它在主位的词端和在宾位的词端对换。当我们熟悉尼姑是女人的一部分而且不是一切女人都是尼姑时，我们凭着这一经验知识来决定我们不能将'一切尼姑是女人'换位成'一切女人是尼姑'。可是，当我们知道'凡大朵的蔷薇花是大叶子的'时，我们是否可以说'凡大叶子的蔷薇是开大朵的花'，这就需要有园艺上的专门知识。在这一关卡上，如果我们有了一点逻辑训练，我们就可以不冒冒失失地从'凡大朵的蔷薇花是大叶子的'推论'凡大叶子的蔷薇是开大朵的花'。谨严，一方面可以减少错误知识之发生，另一方面可为正确知识预留地步。像这一类的问题是非常多的，如果我们一个不小心随便换位，得到假知识，往往发觉不出假知识由何而生。可是，逻辑告诉我们，这一类的语句是A式语句。凡A式语句不可简单地将主位词端换成宾位词端。如果我们谨守这一条规律，无论我们对于所说的 A 式语句的内容是否有经验知识，我们一概不简单地将其在主位的词端换位为在宾位的词端，那么凭着这一逻辑规律的保证，我们就不会触犯上述的错误。"

"假如我们要将 A 式语句换位，那么怎样办呢？"王蕴理问。

"办法很简单，就是当要将宾位词端换成主位词端时，我们把它的量加以限制；即是，宾位词端在原来语句中未普及，在换位语句中不让它普及。这样，位换就不会发生毛病。前例'一切尼姑是女人'可换成'有些女人是尼姑'。这种位换法，传统叫作'限量位换'，亦即 conversion per accidens。

"我们在前面说过，就 A 在主位的词端和宾位的词端是否普及之情形来观察，A 是○⌣。而且，我们又说过，○⌣不对称。既然如此，○⌣不等于⌣○。如果○⌣等于⌣○，则在原来语句未普及的词端，经过换位手续后，变成普及词端○。这就犯了逻辑之大忌。但是，我们只说在原来语句中没有普及的词端在换位语句中不可变成普及的；我们并没有说，在原来语句中普及的词端在换位语句中不可变成未普及的。在一种条件下，我们可以把在原来语句中普及的词端在换位语句中变成未普及的。依据这条规律，我们可以得到关于 A 换位之最简单的手续。即，"老教授写着：

○⌣
可换成⌣⌣

"不过，行限量位换，必须词端有存在的意含（existential import），即词端所指之类有分子。……"老教授慢慢地说，"可是……这方面的道理，不是此时所需要的，所以我们提到一下就够了。"

"E式语句怎样换位？"周文璞问。

"E式语句的换位最简单。"吴先生说，"这从符号就可以知道。E式语句的词端的普及情形是○○。既然如此，两端都已普及，毫无分别。既然毫无分别，当然可以毫无限制地将主位词端换成宾位词端，而且将宾位词端换成主位词端。'没有独裁者是讲民主的人'，在这个语句中，'独裁者'之类之一切分子被排斥于'讲民主的人'之类以外。同样，'讲民主的'之类之一切分子被排斥于'独裁者'之类以外。于是，'没有独裁者是讲民主的人'可以换位为'没有讲民主的人是独裁者'。E的位换可能，从其普及记号，我们只要一秒钟就可决定。"老教授又写道：

○○
换成○○

"I式语句的位换也最简单。这也可以从符号⌣⌣看出。两端既然同样未普及，当然可以简单换位。'有些红颜是薄命的'可以换成'有些薄命的是红颜'，还是⌣⌣。所以，我们可以写：

⌣⌣
换成⌣⌣

"O式语句无法换位。这有二个理由：第一，如果将在主位的词端简单地换成在宾位的词端，而且将在宾位的词端换成在主位的词端，那么便违反上述位换的第一条规律。这种情形从符号⌣○与○⌣并不对称可以一眼看出。'有些人不是音乐家'如果换位为'有些音乐家不是人'显然是可笑的。'有些人不是穷小子'换成'有些穷小子不是人'也不对。'有些人不是穷小子'是一真语句,而'有些穷小子不是人'乃一假语句。由真语句产生假语句,可见这种推论方式无效。如果由真得假可行,那么整个逻辑要破产了。第二,如果将O中表示否定的形式词字移到换位后的主位词端,即原来的宾位词端,那么结果改变了原有语句的形式性质,即由O式语句经过换位后变成I。这有违第二条规律。'有些黑鸟不是乌鸦'如果换成了'有些非乌鸦是黑鸟',显然将原来的否定语句O变质为肯定语句I,这有违第二规律。"

"但是,"周文璞想了一下,"吴先生,我们从'有些暴君不是心理正常的人',换位成'有些心理正常的人不是暴君',系由一真语句得到一个真语句。这岂不表示O还是可以位换吗?"

"是的,如果仅仅就这一对语句来说,O是可以换位的。但是,这样的简单位换并非普遍有效。除了上面所说的例子,我可以再列举一对例子。如果'有些狗不是猎犬'为真,则其换位语句'有些猎犬不是狗'显然为假。我在前面说过,逻辑的推论方式必须普遍有效。既然O型语句在有些例子之下可以换位,而在有些例子之下换位会弄出刚才所说的毛病,可见,如果把O看成可以简单位换的语句,这一办法并不普遍有效。既不普遍有效,那么,在逻辑的范围里,我们不能这样办……就逻辑的理由说,O之不能换位,理由非常简单,即如果⌒O换成O⌒,便是在原来语句中未普及的词端⌒,在换位语句中变成普及的词端O。调一个头,就偷偷由偏而全,犯了逻辑之大忌。仅仅这一条理由,就足以防止我们对O实行换位,而用不着一个一个举出语句来试了。

"我转了这么久,二位嫌太繁吧!其实,位换手续,如果从表示 A、E、I、O 的普及之符号方面着眼，真是再简单也没有了。我们现在把上面所说的，用符号表示出来，以作关于位换的讨论之总结。箭头表示推论。"吴先生画着、写着：

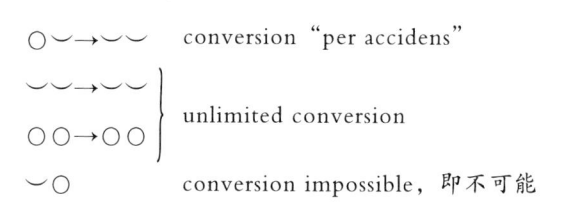

○⌣ → ⌣⌣　　conversion "per accidens"
⌣⌣ → ⌣⌣　⎫
　　　　　　 ⎬ unlimited conversion
○○ → ○○　⎭
⌣○　　　　　conversion impossible，即不可能

老教授画完写完，放下铅笔，靠在沙发上休息一会儿，又抽着烟，慢慢吞吞地说："关于位换，我们已经讨论完了。我们现在要来讨论质换（obversion）。质换也是我们常用的一种说话方式；更严格地说，它是一种改变语句之质的方式。质换就是改变原有语句之形式性质，而得到一个与原有语句相等的语句。详细一点说，质换就是借改换原有语句的宾位词端的性质以得到与原有语句之意义相等的反面语句。在质换时，语句的量须保持不变。这是一个要求。

"我们现在试试将 A、E、I、O ——加以质换。我们还是照前面的记号法，以 A 代表全谓肯定语句，S 代表主位词端，P 代表宾位词端。我们将 A 写在 S 与 P 之间。于是，A 式语句可写成 SAP。以 $\bar{P}$ 代表'非 P'，于是，SAP 质换时可写成 SE$\bar{P}$。反过来也是一样。SE$\bar{P}$ 质换时可以写成 SAP。二者的质换是对称的。例如，'所有的动物是有机体'可以质换成'没有动物是非有机体'。同样，'没有动物是非有机体'可以换成'所有的动物是有机体'。'凡英雄皆当配美人'可质换成'没有英雄不当配美人的'。

"E 式语句可以质换成与之相等的 A 式语句。'没有魔鬼是天使'

可以质换为'一切魔鬼是非天使'。倒转来也是一样：'一切魔鬼是非天使'可以质换成'没有魔鬼是天使'。普遍地说，SEP与SAP̄可以互相质换。

"I式语句可以质换成与之相等的O式语句。'有些蚂蚁是好斗的'可以质换为'有些蚂蚁不是非好斗的'，倒转来也是一样。普遍地说，SIP与SOP̄二者可以互相质换。

"O式语句可以质换成与之相等的I语句。'有些学生不是运动员'，可以质换成'有些学生是非运动员'。倒过来说也是一样。普遍地说，SOP与SIP̄二者可以互相质换。

"从以上所说的，我们可以知道，凡属肯定语句的质换，是双重否定；凡属否定语句的质换是将系词上的否定记号移置到在宾位的词端上去。双重否定等于一个肯定。例如，在代数学中，

$$-(-a) = a$$

吴先生接着说："所以原来语句经质换后与被换语句相等。"

"吴先生，在修辞学上，双重否定并不等于一个肯定，而是加强了肯定的语气。"周文璞说。

"不错，"吴先生答道，"可是，那是一个心理问题，与逻辑的语句形式是否相等无关。……复次，我们知道，四种语句质换后，与原有语句是相等的。既然相等，所以是对称的，这种情形，我们可以画一图表示表示。"老教授在纸上画着：

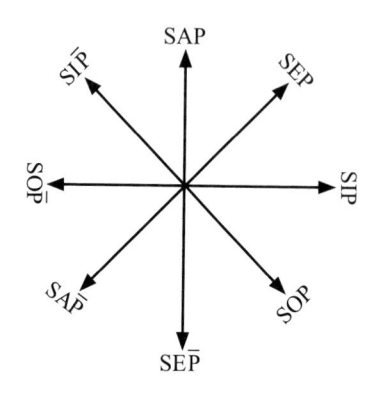

$$\text{SAP} \quad \text{S}\overline{\text{IP}} \quad \text{SEP} \quad \text{S}\overline{\text{OP}} \quad \text{SIP} \quad \text{S}\overline{\text{AP}} \quad \text{SOP} \quad \text{SE}\overline{\text{P}}$$

"双箭头表示对称。我们看了这个图表，质换的情形便可一目了然。"吴先生说。

"除了我们在以上所说的，一个语句之位换和质换可以轮转举行。这样仍可得到不同形式的语句。如果我们知道了轮转举行位换与质换之方式，那么我们就可以对付许多问题。现在，我们可以择其重要的谈一谈。

"第一种问题乃确定一组语句是否相等。假定有这两个语句：

①没有非英雄是可配美人的
②一切可配美人的是英雄

"我们现在要决定①和②两个语句是否相等。为了作此决定，我们先把这两个语句的形式列出，然后进而换质与换位，一直到得着一些形式为止。我们再看这些形式，就可以知道二者是否相等。我们以'h'表示英雄，以'e'表示'可配美人者'，三横表示相等关系：

①' 没有非 h 是 e ≡ 没有 e 是非 h

  没有 e 是非 h ≡ 一切 e 是 h

②' 一切 e 是 h ≡ 没有 e 是非 h

  没有 e 是非 h ≡ 没有非 h 是 e

  ①' 等于②'

所以①等于②

"依据相似的程术,我们再决定下列一双语句是否相等。

③有些医生是不可信赖的

④有些可信赖的人是非医生

"照样我们把③、④的形式列出:在此,我们用'd'代表医生,用't'代表可信赖者。

③' 有些 d 是非 t ≡ 有些 d 不是 t

④' 有些 t 是非 d ≡ 有些 t 不是 d

"这两个等式的右边,显然彼此皆为潜越位换,即不合法的位换。由此可知,③不等于④。关于③与④之不相等,借图解最易看出。"老教授不惮其烦地画着:

③有些 d 是非 t

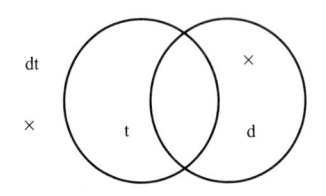

④有些 t 是非 d

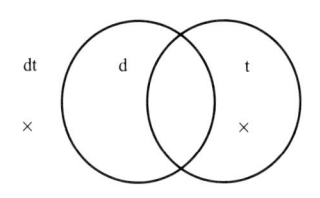

"另一种问题是，如果我们知道了这些程术，那么我们就可以讨论，一个包含类的语句会有些什么结论。假若有'有些财阀不是有远见的'，那么，我们能作些什么推论？兹以'c'表示财阀，'f'表示远见者。我们可以列出形式如下：

有些 c 不是 f ≡ 有些 c 是非 f
有些 c 是非 f ≡ 有些非 f 是 c
有些非 f 是 c ≡ 有些非 f 不是非 c

"我们在此所能推论的是，有些非具远见的人不是非财阀。

"……当然，在逻辑传统中，位换与质换轮转配合起来的花样还有许多。不过，其中有些似乎无关宏旨，所以不必注意。同时，位换与质换之轮转运用，在基本上，无非是位换与质换，并没有新的逻辑因素。因此，关于二者的轮转程术，看看我们在这里的例示，也就可以举一反三，无须辞费了。"

第九次 对待关系

一阵雷雨过后，王蕴理和周文璞到吴先生家里来。

"今天下暴雨，蜉蝣很多，飞得满屋子里都是。真讨厌。……如果'一切蜉蝣是短命的'这个语句为真，那么什么语句是假的？"他们坐下了，吴先生想了一想，问王蕴理。

"……不……不知道。"王蕴理答不出来。

"也许……我的问法有点笼统。"吴先生笑道，"我的意思是问：在 A、E、I 与 O 四型之中，如果有一个语句是真的，那么与之对待的什么语句是假的。在 A、E、I、O 四式之中，任一语句之真或假与其余三个语句之真或假，或真假不定的情形，传统叫作语句的'对待'（opposition）。在这种对待关系里，我们从 A、E、I、O 四型语句中任一之真假的设定开始，可以推论其余语句之真或假，或真假不定。复次，我们任取 AO，或 EI，为矛盾，那么我们可以推论其余语句有何对待关系。这种推论相当有用，而且我们在日常言谈之间时常可以碰见。所以，我们现在要加以讨论。为求易于明了起见，我们现在还是画一个图。这个图，传统地叫作'对待方形'（square of opposition）。不过，我们现在关于对待的讲法不是传统的讲法。

我们现在的讲法是对于传统讲法的一种修正。这是必须声明的。"

吴先生在纸上画着：

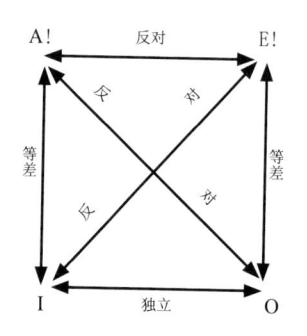

```
      A! ──反对── E!
       ↑ ╲      ╱ ↑
       │  ╲ 反 ╱  │
      等   ╲对╱   等
       差   ╳    差
       │  ╱ 反╲  │
       │ ╱ 对  ╲ │
       ↓╱      ╲↓
       I ──独立── O
```

"我们现在要将这里的符号和名词解释一下。A！表示有存在意含的 A；E！亦然。我们之所以要标明 A 和 E 有存在意含，是因为我们日常言谈之间大都肯定 A、E 在主位的词端之所指存在，即有实际存在的事物。"

"吴先生！这样说来，还有在主位的词端之所指不是实际存在的事物吗？"王蕴理问。

"当然有！"

"您可以举个例吗？"王蕴理又问。

"例如，'一切希腊的神是拟人的'，或'一切希腊的神是有人的缺点的'。这两个 A 型语句中的主位词端'神'之所指，并非一实际存在的事物。我们用逻辑名词说，'神'并无存在意含（existential import）。可是，偏谓语句的主位词端都有存在意含。显然得很，只有具有存在意含的全谓语句才涵蕴着与之相当的偏谓语句；不具存在意含的全谓语句当然不涵蕴与之相当的偏谓语句。更特指地说，如果 A 有存在意含，那么涵蕴 I；否则不能。如果 E 有存在意含，那么涵蕴 O；否则不能。但是，A 型语句并非都有存在意含，E 型亦然。总而言之，全谓语句并非都有存在意含。全谓语句有些有存在意含，有些没有。例如，刚才举的两个例子就没有。但是，'一切挪威人是欧洲人''一切毒蛇是危险的'，其中主位词端之所指都是实际的事物，所以有存在意含。全谓语句既然不是在一切情形之下都有存在意含，所以也就不是在一切情形之下涵蕴偏谓语句。既然如此，全谓语句必须确有存在意含，才涵蕴与之相当的偏谓语句。然后再行逻辑的推论。……当然，在日常语言中，没有这么严格，因而也就没有分得这么清楚。可是，我们在逻辑科学中就必须严格而清楚。我们明白了这一层，也就可以知道，中文里的'所有的……'并不必然表示真正'有'。例如，'所有的飞虎是两栖动物'，事实上并没有'飞虎'，所谓'飞虎'无存在意含，因而并无'有'。严格地说，在这种情况之下用'所有的……'系一语病。可是，在我们明白了它并无存在意含之后，我们知道它不能涵蕴 I 型语句'有些飞虎是两栖动物'，那也就不足为害了。"

他歇了一会儿，指着纸上的图解，继续说道："双箭头表示在其两端的语句之关系是对称的。所谓'反对'（contrariety），它的条件是：假定有甲乙二个语句，如果甲真则乙假，如果甲假则乙不定；而且如果乙真则甲假，如果乙假则甲不定；那么甲乙二种语句之间的关系为反对的对待关系。所谓'等差'（subalternation），它的条件是：假定有全谓与偏谓两种语句，如果全谓语句真则与之相当的偏谓语句真；如果全谓语句假则与之相当的偏谓语句之真假不定；而且如果偏谓语句真则与之相当的全谓语句真假不定；如果偏谓语句假则与之相当的全谓语句假；那么全谓语句及与之相当的偏谓语句之间的关系为等差的对待关系。所谓'独立'（independence），它的条件是：假定有甲乙二个语句，如果甲真则乙真假不定；如果甲假则乙真假不定；如果乙真则甲真假不定；如果乙假则甲真假不定；那么甲与乙之间的关系为独立的对待关系。"

"吴先生可不可以将这三种关系作进一步的解释？"王蕴理问。

"是的，我正预备这样。我并且预备借着举例来讨论四型语句之间的对待关系。我们先从A！开始吧！如A！真，则E！假，则I真，则O假。如A！假，则E！真假不定，则I真假不定，则O真假不定。如果'一切蜉蝣是短命的'为真，则'有些蜉蝣是短命的'亦真；但是'没有蜉蝣是短命的'一定假；因而'有些蜉蝣不是短命的'亦假。如果'一切蜉蝣是短命的'是假的呢？那么，'有些蜉蝣是短命的'真假不定；'没有蜉蝣是短命的'真假不定；因而'有些蜉蝣不是短命的'也是真假不定。"

"吴先生，就这个例子讲，恐怕不好说。因为，就我们之所知，没有蜉蝣不是短命的，亦即所有的蜉蝣是短命的。苏东坡有句：'寄蜉蝣于天地，渺沧海之一粟。'言人命如蜉蝣之短也。"周文璞说。

"不错……可是你说的又是一个特殊的经验问题。请你注意，我们所讨论的，始终一贯地是语句的形式，而不是语句的内容。A！、E！、I、O所代表的是四种语句形式，而不是具有其中之任何形式的特殊语句。因此，所谓语句的对待关系，不是具有其中任一形式的特殊语句与具有其中另一形式的特殊语句之间的特殊对待关系，而是四式之中之任一与其余三式之间的普遍的对待关系。既然所谓对待关系是普遍的对待关系，于是我们制定规律时必须关照一般的情形，而不可局限于一二特例。就上例说，假若我们说'一切蜉蝣是短命的'是一句假话，则'没有蜉蝣是短命的'亦假；但是，另外的例子则不然：如果'一切冰激凌是热的'为假，那么'没有冰激凌是热的'为真。前者'一切蜉蝣是短命的'E！假，而后者的对待语句'没有冰激凌是热的'E！真。形式地总括起来：如A！假，则E！真假不定。

"由以上的解析，各位可知A！和E！之真假对待关系乃针对具有这二种形式的一切语句而言的，并非针对某一特殊语句而言的。严格地说，仅就一个特殊语句而言，根本就无所谓对待关系，也许有因果关系，也许有函数关系，也许有其他的关系。逻辑贵妥当，所谓妥当也者，就是在一切情形之下为真，或者对于一切解释皆有效，或说能涵盖或顾到一切情形。我们之所以举例，完全是为便于理解起见。在我们研究逻辑时一听例子，我们应须立即由之而理解借此例子所显示的普遍之逻辑形式，不应该将思路局限于那一特例，或者转到纯形式以外的问题上去，或者扯到经验例证之本身。这是最重要的逻辑训练。"

"吴先生，您不注重经验吗？"周文璞问。

"不。"吴先生连忙摇头，"我非常注重经验。我是说在研究逻辑时必须远离经验，以免拖泥带水、混淆不清。如其不然，一个人抽象的推论力一定永远不能增加。一个人初学数学或算术时，算'三个桃子加五个桃子等于八个桃子'固然需要扳着指头数；可是，这只限于初学阶段而已。你试设想，如果一个人永远需要扳着指头数，而且离开桃子李子这些实物就无法了解纯数理，不知运用X、Y、Z这样的变量，他的数学还有希望好吗？他还能够懂得'无穷大''无穷小'等吗？逻辑的情形完全一样。近九十余年来，逻辑家和数学家的努力证明逻辑和数学是姊妹学问了。所以，研究数学时所需要的心理习惯，研究逻辑时也常需要。不然的话，我们很容易把逻辑弄成玄学。"

"是！是！"周文璞点点头。

"我们进行 E！吧！"吴先生抽口烟，"如 E！真，则 A！假，则 I 假，则 O 真。如 E！假，则 A！真假不定，则 I 不定，则 O 不定。例如，如果'没有海洋是陆地'为真，那么'一切海洋是陆地'为假，'有些海洋是陆地'也假，'有些海洋不是陆地'为真。如果'没有钻石是珍贵的'为假，那么'一切钻石是珍贵的'为真。但是，如果'没有学生是用功的'为假，那么'所有的学生是用功的'也假。'没有钻石是珍贵的'和'没有学生是用功的'这二个 E！语句都假。可是与第一语句对待的语句'一切钻石是珍贵的'为真，而与第二语句对待的语句'所有学生是用功的'是假的。这二个语句都是 A！。由此可见 E！假时，A！之真假不定。如 E！假，则 I 与 O 之真假不定，其理由是显然易见的，E！与 I 为反对。所谓反对，就是两个语句虽不可同真，但可同假。既然如此，于是 E！真时，I 固然一定假，但 E！假时，I 可能是假的，也可能是真的。E！与 O 的对待关系为等差。即是，如 E！真则 O 真，但如 E！假时，O 可真可假。所以，E！假则 O 不定。例子，只要我们留心日常的言谈，几于俯拾即是。各位不妨自己举举试看。由举例既然可能理解逻辑，所以也是一种不无帮助的训练。

"I 与 O 之间的对待关系是独立。所谓独立，我们已经在前面说过，乃任一之真或假不牵涉另一之真或假。既然如此，于是 I 与 O 可同真，可同假；也可以一真而另一为假，或一假而另一为真。我们先从 I 起吧！如果'有些人是善良的'为真，那么'有些人不是善良的'也真。在日常言谈中，我们多是肯定语句之所指存在的。既然肯定语句之所指存在，于是语句之所指存在乃这一语句之为真的必须条件。既然如此，如果语句之所指不存在，于是这一语句不能是真的，如果'有些人是神仙'是假的，那么'有些人不是神仙'也是假的。既然肯定没有神仙，于是说有些人是神仙固然是假的，说有些人不是神仙当然也是假的，因为根本就没有神仙这个东西存在。

"O 到 I，对待情形还是一样，如果'有些事业家不是爱钱的'为真，那么'有些事业家是爱钱的'也真。如果'有些江湖奇侠不是三头六臂的'为假，那么，'有些江湖奇侠是三头六臂的'还是假的。可是，如果'有些军阀不是爱地盘的'为假，那么'有些军阀是爱地盘的'为真。可见 O 真时，I 可真可假，O 假时 I 也可真可假。既然如此，可见 O 与 I 之间的对待关系是独立的对待关系。这也就是说，由 I 或 O 之任一之真或假，推论不出另一之真或假。"吴先生说完慢慢吸着烟。看样子，他的烟质地很粗劣。他抽这种烟，不过是为过瘾而已，并不感到什么兴趣。

"吴先生，您怎么不抽点好烟？"周文璞问。

"好烟？……"他脸上浮起一丝淡淡的苦笑。

"吴先生，您刚才说 I 与 O 二式语句是独立的。既然二者是独立的，那么就是互不相倚的意思，是不是？"王蕴理问。

"是的。"

"既然二者互不相倚，怎么可以说是有对待关系呢？"王蕴理进一步地问。

"独立的对待关系是对待关系中之一 limiting case，即限制情形，亦若零为盖然 probability 之 limiting case 然。科学中常有这种限制情形。当然，如果单独将 I 与 O 提出来看，可以说是没有什么对待关系的。可是 A！、E！、I、O 四式形成一套关系，I 与 O 不过是这一套关系中之最薄弱的一面而已。"吴先生说完又抽着粗劣的烟。

"吴先生，您在开始的时候说，关于对待关系，您现在所讲的是传统的讲法之修正。传统的讲法是怎样的？说得通吗？"王蕴理问。

"如果假定在主位的词端有存在意含，也说得通。就近人的解析，对待关系可以至少有三种说法。我们在上面所讨论的，是其中的一种；传统的说法也可以看作其中的一种，而且这一种在教科书中仍占重要地位。"

"既然如此，吴先生可不可以讲给我们听？"王蕴理又问。

"可以的。不过，我们以后的讲法只直陈其逻辑结构，而不举例。因为，我们不再需要了。而且凡与前面雷同的地方，也略而不谈。"

吴先生又画了一个对待方形：

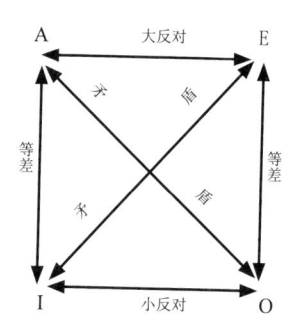

```
     A ←——大反对——→ E
     ↑ ╲    矛    ╱ ↑
     │  ╲   盾   ╱  │
    等   ╲      ╱   等
    差    ╲    ╱    差
     │     ╲  ╱     │
     │   矛 ╳ 盾    │
     │     ╱  ╲     │
     ↓    ╱    ╲    ↓
     I ←——小反对——→ O
```

"二位请留意，在这个对待方形所表示的对待关系中，有两种对待关系与上面的对待方形所表示的不同，即 I 与 O 之间为小反对（subcontrary）；AO、EI 各为矛盾（contradictory）。I 与 O 之间的对待关系既为小反对，于是，为了标别起见，我们把 A 与 E 之间的关系改称为'大反对'，但是其界说条件不变。还有一点，我们也须留意，即在这一传统的对待方形中，全谓语句的存在意含只是假定的，未曾明指。所以，我们没有用 A！和 E！来表示，而只径直用

A、E 来表示。"

"什么是小反对的对待关系呢？"周文璞问。

"小反对的对待关系之界说是：I 与 O 两个语句，如果可以同真，但不能同假，则二者之间的关系叫作小反对。依此，I 与 O 既可以同真，那么由其中之一为真，我们不能断定另一究竟为真抑为假。因为，其中之一为真时，另一可以为真，也可以为假，究竟为真抑为假，这要视个别特例而定。例如，'有些人是食素的'，I 为真时，'有些人不是食素的'，O 也真。但是，'有些人是生物'为真，'有些人不是生物'则为假。然而，I 与 O 不能同假。'有些北极熊是热带动物'为假，'有些北极熊不是热带动物'不能为假。……当然，我们在日常言谈中不会说'有些北极熊不是热带动物'这样的话，假若有人这样说话，许多人一定笑他是呆子。不过，我们不要忘记，许多人之笑说这种话的人是呆子，是从习惯出发的。习惯并非真理的标准。科学之可贵，常在其结论出乎常识的局限。在逻辑上，'有些'之所指有时可以是'一切'。因此，'有些北极熊不是热带动物'，实在等于说'一切北极熊不是热带动物'。我们这么一想，就觉得没有什么不自然了。这样设句，正所以表示科学设句能到达常识与习惯所不能到达的境地。……复次，从纯逻辑的理由，我们更可以显然知道 I、O 不能同假，但能同真。'有些'所指的范围有时既可以普及于'一切'，因此只要一部分的 S 是 P，而有一部分 S 不是 P，则 I 与 O 可以同真。如果'有些'所指的范围普及于'一切'，即一切 S 是 P，那么，I 与 O 之中总有一为真。这么一来，二者不能同假。关于这种情形用图解可以表示得很清楚。"老教授又画着：

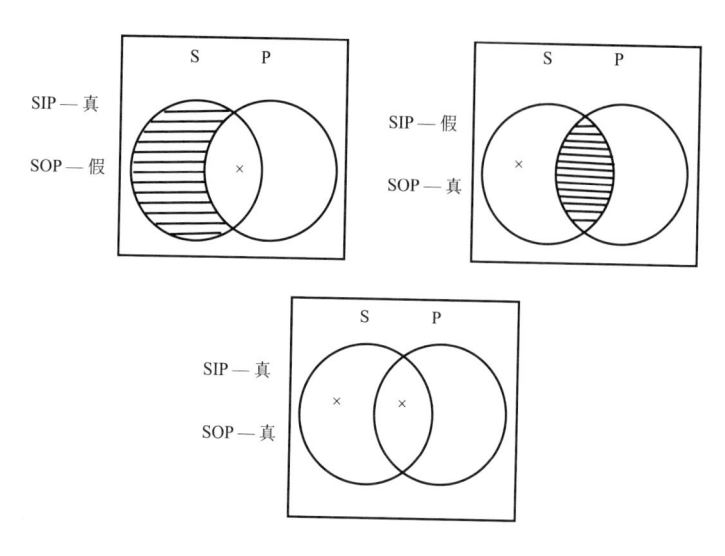

"从这三个图解，我们可明明白白看出，I 与 O 之间的真假有三种情形：一、I 真而 O 假；二、O 真而 I 假；三、I 与 O 俱真。但是，没有 I、O 俱假的可能。二位明白了吧？"

"明白了！"周文璞说。

"这种证明方法比举例严格牢靠多了。"王蕴理说。

"是啰！"老教授很高兴，"这话就算叩击科学方法的边沿了……我们现在再来谈谈什么叫作矛盾。假若我们说'一切欧洲人是基督教徒'，那么这个语句的矛盾语句是不是'没有欧洲人是基督教徒'？"

"是！"周文璞说。

"非也！非也！"老教授摇摇头，"许多人以为'一切欧洲人是基督教徒'的矛盾语句是'没有欧洲人是基督教徒'，这是错误的。其所以是错误的，从逻辑的形式一看便知。'一切欧洲人是基督教徒'是 A 型语句，'没有欧洲人是基督教徒'是 E 型语句。依前面所说，AE 是互相反对的语句，而不是互相矛盾的语句。"

"吴先生！什么才是互相矛盾的语句呢？"周文璞接着问。

"'一切欧洲人是基督教徒'的矛盾语句是'有些欧洲人不是基督教徒'。'有些欧洲人不是基督教徒'是 O 型语句。依刚才所画的对待方形，我们可知 AO 为互相矛盾的语句。EI 亦然。……形式地说，设有甲、乙两个语句，如果甲为真，则乙为假；如果甲为假，则乙为真。同样，如果乙为真，则甲为假；如果乙为假，则甲为真。甲乙之间的这种关系，叫作矛盾关系。这样看来，甲乙不同真，亦不同假。既然如此，由其中之一为真，可以推断另一为假；由其中之一为假，可以推断另一为真……矛盾与反对的分别，弄清楚了吧？"

"弄清楚了。"周文璞说。

"弄清楚了，我们可以再进一步以严格的方法来演证 A、E、I 与 O 之间的对待关系。我们可以假定 AO 与 EI 各为矛盾，来证明其余任一种对待关系。刚才画的一个对待方形可以看作四个三角形之并合。每一个三角形可在矛盾的那一边反复各一次。所以，四乘二共得八次。而 A、E、I、O 中每个语句又有真假二值，或正负两面，于是，二乘八得一十六次。这样，就穷尽了该图所示的一切对待关系之演证。我们现在就开始吧！"老教授不惮其烦地画着，写着：

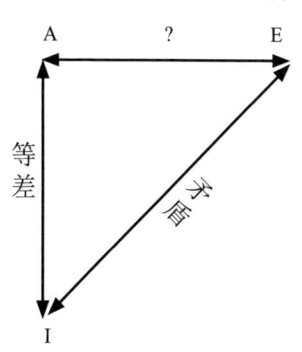

```
      A    ?    E
      •←——————→•
      ↑       ↗
      │      ╱
    等│     ╱矛
    差│    ╱ 盾
      │   ╱
      │  ╱
      ↓ ╱
      •
      I
```

第九次　对待关系　　　　　　　　　　　　　　　117

兹设 EI 为矛盾，IA 为等差。

试证 EA 为大反对。

证：

① $\overset{+}{E} \supset \bar{I} \cdot \bar{I} \supset \bar{A} \cdot \supset \overset{+}{E} \supset \bar{A}$

② $\bar{E} \supset \overset{+}{I} \cdot \overset{+}{I} \supset \overset{?}{A} \cdot \supset \bar{E} \supset \overset{?}{A}$

合①与②，依界说，EA 为大反对。

"吴先生！这些公式我们看不懂。"周文璞着急起来。

"别忙！别忙！说穿了比什么都简单。"老教授笑道，"第一条，E 字头上挂的小十字架'+'表示'真'。'⊃'符号表示'如果……则——'。一点'·'表示'而且'。I 字头上挂的一个小横扁'-'表示'假'。两边有两个小点儿的符号，即'··⊃··'，比两边没有小点儿的符号'⊃'等级高一层。第一条，用寻常括号表示出来就是这样的。"他写着：

①' $\left\{ (\overset{+}{E} \supset \bar{I}) \cdot (\bar{I} \supset \bar{A}) \right\} \supset (\overset{+}{E} \supset \bar{A})$

"所以，第一条，用寻常语言读出，就是：'如果 E 为真则 I 为假，而且如果 I 为假则 A 为假，那么，如果 E 为真则 A 为假'。你看！这是多么累赘，而且层次多么不显著！"老教授吸了一口长气，"可是，用像第一条那样的符号方式表明，就简明轻松得多了，是不是？咱们用象形字用惯了，一看见符号就认为繁难，望而却步。这真是一个大大的误解！我们会读第一条，便会读第二条，不用赘述。不过，在第二条中，'?'代表'真假不定'。……我们刚才是从 EI 出发，经过 IA，证明 EA 为大反对。我们现在从 IE 出发，经过 EA，求证 IA 为等差。

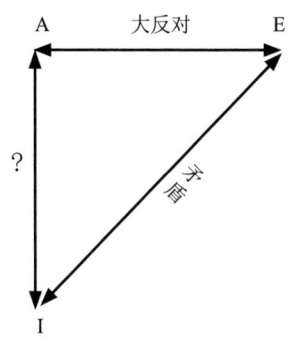

```
        A  ←—— 大反对 ——→ E
         ↖                ↑
           ↖              │
             ↖            │
          ?    ↖ 矛盾      │
                 ↖        │
                   ↖      │
                     ↖    │
                       ↖  │
                         ↘│
                          I
```

兹设 IE 为矛盾，EA 为大反对，求证 IA 为等差。

证：

① $\overset{+}{I} \supset \bar{E} \cdot \bar{E} \supset \overset{?}{A} \cdot \supset \overset{+}{I} \supset \overset{?}{A}$

② $\bar{I} \supset \overset{+}{E} \cdot \overset{+}{E} \supset \bar{A} \cdot \supset \bar{I} \supset \bar{A}$

合①与②，依界说，AI 为等差。

"我们再证下去。好吧？"

"好的！"王蕴理似乎很有兴趣。

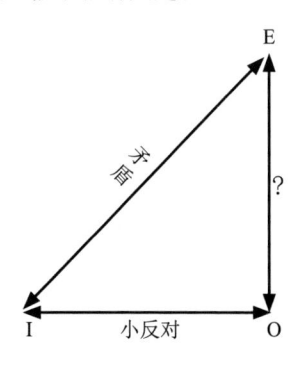

```
                          E
                         ↑│
                       ↗  │
                     ↗    │
                   ↗      │
                 ↗ 矛盾    │ ?
               ↗          │
             ↗            │
           ↗              │
         ↗                │
        I ←—— 小反对 ——→ O
```

兹设 EI 为矛盾，IO 为小反对，
求证 EO 为等差。

证：

① $\overset{+}{E}\supset\overset{-}{I}\cdot\overset{-}{I}\supset\overset{+}{O}\cdot\supset\overset{+}{E}\supset\overset{+}{O}$

② $\overset{-}{E}\supset\overset{+}{I}\cdot\overset{+}{I}\supset\overset{?}{O}\cdot\supset\overset{-}{E}\supset\overset{?}{O}$

合①与②，依界说，OE 为等差。

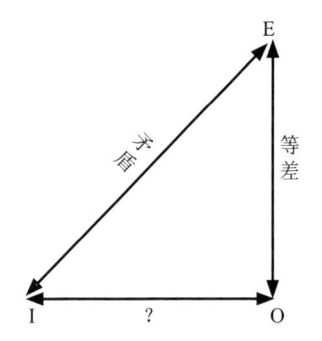

```
            E
           /|
        矛 / |
        盾/  | 等
         /   | 差
        /    |
       I─────O
          ?
```

兹设 IE 为矛盾，EO 为等差，
求证 IO 为小反对。

证：

① $\overset{+}{I}\supset\overset{-}{E}\cdot\overset{-}{E}\supset\overset{?}{O}\cdot\supset\overset{+}{I}\supset\overset{?}{O}$

② $\overset{-}{I}\supset\overset{+}{E}\cdot\overset{+}{E}\supset\overset{+}{O}\cdot\supset\overset{-}{I}\supset\overset{+}{O}$

合①与②，依界说，OI 为小反对。

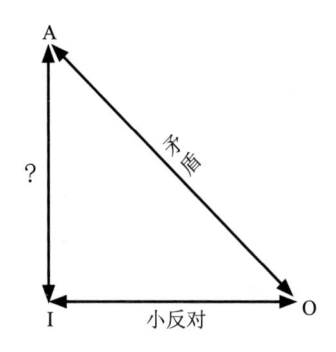

```
      A
      ↑
      |
      |
    ? |        矛盾
      |
      |
      ↓
      I ←—— 小反对 ——→ O
```

兹设 AO 为矛盾，OI 为小反对，
求证 AI 为等差。

证：

① $\dot{A} \supset \bar{O} \cdot \bar{O} \supset \dot{I} \cdot \supset \dot{A} \supset \dot{I}$

② $\bar{A} \supset \overset{+}{O} \cdot \overset{+}{O} \supset \overset{?}{I} \cdot \supset \bar{A} \supset \overset{?}{I}$

合①与②，依界说，AI 为等差。

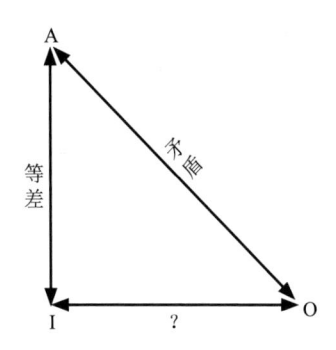

```
      A
      ↑
      |
    等|
    差|        矛盾
      |
      |
      ↓
      I ←——— ? ———→ O
```

兹设 OA 为矛盾，AI 为等差，
求证 OI 为小反对。

证：

第九次　对待关系

① $\overset{+}{O} \supset \overset{-}{A} \cdot \overset{-}{A} \supset \overset{?}{I} \cdot \supset \overset{+}{O} \supset \overset{?}{I}$
② $\overset{-}{O} \supset \overset{+}{A} \cdot \overset{+}{A} \supset \overset{-}{I} \cdot \supset \overset{-}{O} \supset \overset{-}{I}$

合①与②，依界说，OI 为小反对。

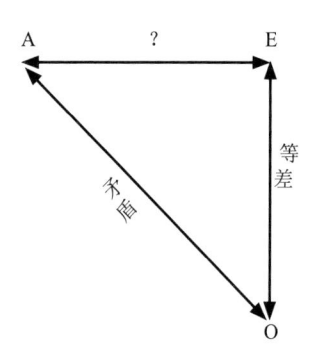

```
    A        ?        E
     ←───────────────→
      ╲              ↕
       ╲            等
      矛 ╲          差
      盾  ╲          
           ╲        ↕
            ↘      
                   O
```

兹设 AO 为矛盾，OE 为等差，
试证 AE 为大反对。

证：

① $\overset{+}{A} \supset \overset{-}{O} \cdot \overset{-}{O} \supset \overset{+}{E} \cdot \supset \overset{+}{A} \supset \overset{-}{E}$
② $\overset{-}{A} \supset \overset{+}{O} \cdot \overset{+}{O} \supset \overset{?}{E} \cdot \supset \overset{-}{A} \supset \overset{?}{E}$

合①与②，依界说，AE 为大反对。

"还有一个没有证。我已经证得太多了，剩下的一个留给二位试试，这样也可以得到一点逻辑训练。二位觉得这样演证起来，太麻烦吗？"

"不，不，我们觉得这是一种很好的思考训练，可以使我们领会到谨严的思考方式是怎么回事。"周文璞说。

"对了！这样才会入逻辑之门，而且会发生兴趣的。"吴先生很高兴。

"吴先生,您的演证,除了每一次系从一对矛盾语句之一的正反两面着手,好像都是循着一种推论方式进行的。是不是?"王蕴理问。

"是的,如果将 A、E、I、O 撇开,并且不计其正负,而把证明的语句各别地代以 a、b、c,那么我们就可以把这些证明依之而进行的推论方式写成这个样子。是不是?"

$$a \supset b \cdot b \supset c \cdot \supset \cdot a \supset c$$

"是的,我想的正是这个意思,不过我表示不清楚,谢谢您的帮助……这种推论方式叫作什么呢?"他又思索着。

"这种是三段式的推论方式。"

"您以后有机会可以把这种推论方式讲讲吗?"

"三段式的推论方式很重要,有机会也是要研究研究的。"

第十次 三段式

"我们今天要谈谈另一种推论方式。这种推论方式,我们在上一次已经提到过了,就是三段式(syllogism)。"吴先生开始他的谈话。

"逻辑里常常讲到三段式,是不是?"王蕴理问。

"是的。"吴先生说,"其实三段式不止是逻辑书里有,在日常言谈之间也用到。比如说,上次学校贴出陷区学生请领救济金的布告,有一位同学对另一位同学说:'我们赶快去请领救济金吧!'这种想法和说法的根据是一个三段式,不过所根据的三段式隐伏起来,没有明显说出来罢了。我现在明白地陈示出来,各位就可以明了。"

吴先生的室内新挂起一块小黑板。黑板挂得低低的,坐在椅子上就可以写字。吴先生顺手在黑板上写道:

  凡陷区学生是可请领救济金的
  我们是陷区学生
  ────────────────
  ∴我们是可请领救济金的

"这就是三段式之一例。我们可就这个例子来分析三段式。首先，我们必须弄清楚，所谓三段式，就广义而言，种类是很多的。例如，我们在从前所讨论的选取推论，在形式上也是三段式的。复次，如果 a 包含 b 而且 b 包含 c，那么 a 包含 c。像这种有传达性的关系之推论，也是三段式的推论。不过，我们在这里所说的三段式，它的成素限于 A、E、I、O 四种主宾词式的语句。这四种语句又叫作定言语句（categorical sentence）。因此，以定言语句作为成素的三段式叫作定言三段式（categorical syllogism）。不过，为了简省起见，我们在以后一概将定言三段式简称三段式，这是我们在这里所说的三段式的性质。其次，我们在此所说的三段式有而且只有三个语句。这里所谓的语句，当然是 A、E、I、O 四种定言语句之中之一。以后同此。还有，三段式包含而且只包含三个名词。以上所说的三段式，就包含着三个语句以及三个名词。这二者可以视作三段式的界说。

"各位可以一眼看出，黑板上写的那个三段式的构成语句无一不是主宾词式的语句，而且那个三段式中的语句只有三个，语句中的名词也只有三个。"

"吴先生，您在黑板上写的那个三段式的确只有三个语句，可是，三个语句各有两个名词，那么应该一共是六个名词，数一数也是六个名词，而您说只有三个名词，这是什么道理呢？"周文璞问。

"王蕴理！周文璞不懂这个道理，请你想想看。"

"……这……这……这个道理实在想不出来。"

"哦！大家对于这个道理很感困惑？……"老教授说着又顺手在黑板上写五个"人"字：

人人人人人

"请问二位,黑板上有几个'人'字?"

王蕴理和周文璞给这一问,半晌答不出话来。

"我再请问:王蕴理在学校注册证上写上'王蕴理'三个字,在自己的书上写'王蕴理'三个字,在学期考试卷上写'王蕴理'三个字。那么,究竟有几个王蕴理?"

他们二人给这个奇怪问题弄呆了。

"哈!哈!"老教授笑道,"'人'字可以说是一个,也可以说是五个。就人字的记号设计(sign design)来看,人字只有一个。因为'人'字这个记号的设计只有一个。就人字的记号事件(sign event)来看,人字有五个。因为人字出现(occur)了五次。现在的问题是,在我们平常的语言用法之中,所注重的是记号设计,还是记号事件。在实际上,我们运用语言时,很少因为是一记号而运用之,即很少为记号而用记号,除非作语法研究,或为好玩。我们平常运用语言,是为了引起语言之所指或意谓。假定一个语言记号只有一个所指或意谓,那么一个语言记号用了 n 次,还只涉及一个所指或意谓。因此,在注重意义的场合,我们所注意到的,是记号设计,而不是记号事件。于是,我们所计算的,是有好多个记号设计,而不管有好多个记号事件。例如,人口调查局所注意的,只是'王蕴理'这个记号设计所指的一个人,它不管'王蕴理'这个记号出现了多少次。依此,一个记号设计即使出现无穷次,我们还是算它只有一个。如果一个记号设计所表出的名词只有一个所指,那么我们说只有一个名词。这种解析对于我们有重要作用。'王蕴理'这个名字无论出现多少次,世界上只有一个王蕴理。正犹之乎世界上只有一个恺撒、一个莎士比亚、一个康德。我们不能因'王蕴理'这个名字出现了多次而说世界上有多个王蕴理其人。否则,"老教授笑道,"现在应有好几个王蕴理其人在我面前了。依同理,在上述三段式的三个语句中,只有'陷区学生''可请领救济金的人'和'我们'三个名词。不过这三个名词的记号事件各出现二次罢了。我们在寻常的场合所着重的通常是以一个记号设计表出的名词。所以,在上述三段式中,有而且只有三个名词。这三个名词虽然各出现二次,但在二次出现中每个名词的记号设计全同,而且二次用法之所指也全同,所以,还只算三个。……这个道理,二位明白没有?"

"明白了。"

"知道了。"

"这个道理明白了,我们现在进而讨论三段式的结构。关于三段式的结构,"吴先生继续说,"可以从两方面来分析。第一,从外部来分析;第二,从内部来分析。我们现在从外部开始。为了便于了解起见,我们再举一个三段式。"

没有自私的人是快乐的人①
凡损人利己者是自私的人②

∴ 没有损人利己者是快乐的人③

"从外部分析起来,这个三段式有二个前提(premise)和一个结论(conclusion)。"吴先生指着黑板道,"①②是前提,③是结论。前提又分大小。①为大前提(major premise),②是小前提(minor premise)。从内部分析起来,名词有三个,即小词(minor term)、大词（major term）和共词（common term or middle term）。我们依次各别地以 G、H 和 M 表示之。小词 G 在小前提和结论中各出现一次。小词在小前提中有时为主位词端，有时为宾位词端，但它在结论中一定是主位词端。大词在大前提和结论中各出现一次。大词在大前提中有时为主位词端，有时为宾位词端，但它在结论中一定是宾位词端。

"我们再要讨论共词 M。共词 M 既须在大前提中出现，又须在小前提中出现；可是，无论如何，它必须永远不在结论中出现。M 在三段式中的作用非常重要。它的作用，在介系大词与小词，使大词与小词发生关联。像旧式婚姻男女双方需要媒人撮合，新式结婚则需要介绍人一样，否则不好办理！"

"哈哈！"

"的确是这样的。"老教授说道，"如果三段式中没有共词 M，那么小词与大词无从发生关联。如果小词与大词无从发生关联，那么三段式的推论也就不能成立了。

"在上面所举的例子中，'快乐的人'是大词 H，'损人利己者'是小词 G，'自私的人'是共词 M。我们如果只写这三个名词的记号，那么前面所举的例子就可以写作下式。"

吴先生又拿起粉笔在小黑板上写着：

没有 M 是 H
凡 G 是 M

―――――

∴ 没有 G 是 H

"这样的写法简单多了。我们在以后要尽可能避免用文字,而多用这样的记号法。用记号法,不独简单,而且便于运算。各位看看记号法在数学里的作用之大,就可以想见它在逻辑里的作用之大了。"

"听说用记号的逻辑是符号逻辑派,是不是这样的呢?"王蕴理问。

"这又是流传的误解之一。"老教授皱皱眉头,"严格地说,中国之研究逻辑,还刚在起始的阶段,怎么说得上'派'呀!一门学问成派,是要在走了很长远的道路以后。并且,很少够资格的学人自己标榜居于何派的,常常是写学术史的人因着某家的研究门径或作风不同,而名之曰某派。绝没有在刚开始的时候就可自居立于何派的。果真如此,不是幼稚,便是自寻死路,弄不好学问。至少,就逻辑来说,我们只有虚心学习才对。……而流行的成见倒是这么多,这不知道是怎么回事!逻辑用符号表示时便看作一派,实在是一错误,我且引一段话给二位看。"吴先生打开一本艾丽丝·安布罗斯(Alice Ambrose)与莫里斯·拉泽罗维茨(Morris Lazerowitz)二教授合著的名著,找出一段翻译道:"用特殊的记号法,结果使逻辑产生一个特点。这个特点就是逻辑穿起'符号的'现代外衣。有些人以为,'符号'逻辑与所谓'古典'逻辑或亚里士多德式的逻辑,在其同为逻辑上,是彼此不相同的派别。他们以为二者的题材不是同一的,这种看法完全是错误的。无论是'符号'逻辑也好,或'古典'逻辑也好,都只有一个题材,即'形式的概念'。"

"的确,因逻辑应用符号而说'符号逻辑'是不太好讲的。数学更是大规模应用符号,怎么不说'符号数学'呢?一般所了解的'符号逻辑',和亚里士多德传统比较起来,不过只有精粗程度之不同和范围广狭之别而已。前者为后者之发展，后者为前者之前身，若金沙江之与长江然。在性质上二者完全一样。逻辑传统与逻辑之现代的研究之不同，亦若算术与代数学之不同。我们不能说算数与代数学各为不同的'派'，既然如此，我们也就不能说逻辑传统与其现代的研究是不同的'派'。现在西方逻辑家之用'符号逻辑'这个名词，其着重点在表示逻辑一学自布尔以来已经进入一个新的'阶段'，并非不同的'派别'。

"'派'是不可随便说的，'派'是个很难说的东西。有些学问之有派，亦若文章之有风格。很少人敢说他初写文章便有何风格。风格是神韵。文章写久了，有了火候，有了功力，有了积蕴，有了局格，才有神韵可言。各个大作家各有不同的积蕴、局格、火候……因而我们可以说这一大家之文与那一大家之文的风格各异其趣。当然，有些学问派别不同之点，是可以实证地点指出来的。这类学问在研究上有了相当的深度，对同一题材发现不同的看法或提出不同的解决方法，因而产生了派别。这样的派别才是真正的派别。这样谈派，才有分量。如果我们对于某一种学问还没有看见门在何处便大谈派别，充其量不过助长浮光掠影的兴致而已。……二位觉得我这意见怎样？"老教授说完轻轻嘘一口气，似乎很感慨的样子。

第十一次 续三段式

"喂!王蕴理!我昨天到市场去买来两条好彩(Lucky Strike)牌的香烟。"

"你也不抽烟,买它干吗?"

"预备送吴先生的。他讲了这么久,我们没有送点礼物表示表示意思。我看他抽的烟很坏,他烟瘾那么大,送点好烟给他抽,他的情绪岂不好一些?哈哈!"

"你倒是还讲点师道。现在的人早已把这一套抛到九霄云外了。师道不存,学问一点尊严也没有。所以,世界弄成这个样子啊!"

"你老是爱发感慨。别讲闲话,我们马上到吴先生那儿去吧!"

二人从小路绕到了吴先生家门口,敲门。

"暴雨快要来了,二位请赶紧进来吧!"吴先生打开门,"这几天几乎每天下午都下阵雨,据说这是所谓'定时雨'。这是此地气候上的特色。"

"也好,每天午后下一阵子可以解解凉。"王蕴理接着说。

"吴先生,我们今天送点烟给您抽。"周文璞拿出烟。

"为什么要买烟呢?"

"不为什么,我们希望吴先生抽点好烟。"

"哦!谢谢!现在好烟不容易买到。"

"好书更不容易买到。"王蕴理说。

"那当然,这个时候……"吴先生凝着神,像在想什么。

"吴先生上一次谈的,是三段式的界说性质和它的结构。"王蕴理说,"现在请问在行三段式的推论时,是否有什么方法保证这种推论有效?"

"当然有。否则,逻辑可以不必研究了。"吴先生很坚定地说,"我们在上一次说过,一个三段式是由三个语句构成的。我们不难知道 A、E、I、O 四式语句,每次任取三个,那么,三个一联,三个一联,一共有 4^3=64 个成三的组合单位。如 AAA、EEE、III 等。这些成三的组合单位,逻辑传统叫作模式(modes)。不过,这些模式之中有许许多多是无效的。这里所谓无效,意即不是在一切情形的解释之下为真。这也就是说,这些模式的解释,在有些情形之下固然为真,可是在另外有些情形的解释之下则为假。这类模式便叫作无效的模式。当然,如果我们有耐心,不怕麻烦,肯一个模式一个模式地试下去,那么我们也会发现哪些模式是有效的,并且排弃其余无效的模式。但是,这种办法非常费时,很不经济。逻辑传统中有一种办法,我们依照这种办法便可以决定哪些模式是有效的、哪些模式是无效的。"

"吴先生可以告诉我们吗?"周文璞问。

"请别急,我是要往下讲的。逻辑家决定某些模式是否有效的办法,就是提出一组规律。凭着这组规律,我们就可以决定哪些模式有效、哪些模式无效。当然,像在上次所说的对待关系之一种一样,我们还是认定 A、E 各有存在意含。不过,为了简便,我们在这里没有用特别的记号标出。我们现在就分开讨论这组规律。

"第一，在二个前提之中，共词至少必须普及一次。为了说明这条规律，我们举一个例子。"老教授拿起粉笔在黑板上写：

凡信戒杀论者是吃素的
凡中国和尚是吃素的
──────────────
∴凡中国和尚是信戒杀论者

"为了证试这个三段式中的共词是否有一次普及，我介绍一个方法。我们在从前说过，A的普及情形是〇⌣，E是〇〇，I是⌣⌣，O是⌣〇。四式语句的词端普及与否的这四种情形，乃决定三段式的推论是否有效的必须条件，所以各位一定要熟记在心。当我们碰见三段式的特例时，我们检证它是否有效的方法，乃首先要看其中的语句是属于哪一式；其次要找出其中的共词；再其次找出大词和小词。语句的形式找出以后，一一用前几次所说的符号表示。中词、大词和小词找出以后，也用已经说过的符号表示。这些手续是非常容易的。这一套手续做过了以后，我们再依三个语句是哪一式而填上普及与否之记号。例如是A，我们就在A的主位词端记号的右上角加一个〇，在宾位词端记号右上角加一个⌣，其他类推。我们必须知道，词端的主位宾位是固定的。可是，在二个前提中，G、H、M三个词端，哪一个是主位词端、哪一个是宾位词端却不一定。在二个前提中，G在有的情形之下是主位词端，在另外的情形之下是宾位词端。它居于语句的主位，便算是主位词端。它居于语句的宾位，便算是宾位词端。因此，在我们填〇、⌣记号时，根本撇开前提中G、H、M谁是主位词端、谁是宾位词端不管，而只看前提的标号是什么。前提的标号是A，立刻照才将所说的办法记上〇、⌣。其余类推。所以，在这种情形之下，我们用〇或⌣来标记的，无关于大词、小词和共词，而简单地标记在主位和宾位的各词。这像旧式宴客的办法一样，如果招待不认识客人，那么不必管哪一个，凡是坐在首席的，先斟一杯酒，其次二席，再次三席……这样一来，各个名词是否普及一目了然。当然，共词是否普及也可一目了然。这种方法非常机械，并且可以推广应用，在检证三段式是否有效时很是便利。在二个前提中出现两次的词端一定是共词。在结论的宾位出现的词端一定是大词。在结论的主位出现的词端一定是小词。依此，我们可以在前提中将大词和小词找出。

"我们不难依照刚才所说的种种办法将上面所举的例子加以处理。毫无问题，上例的三个语句都是A式语句。大词是'信戒杀论者'，小词是'中国和尚'，共词是'吃素的'。于是，上例可以表示为，"老教授又写着：

A　　　　　凡H是M

A　　　　　凡G是M

A　　　　　∴凡G是H

"这一步做了，我们再将A、A、A三个语句各别是否普及的情形填到H、G、M旁边。"吴先生又写出这个式子：

A　　　凡 H$^\circ$ 是 M $\smile$

A　　　凡 G$^\circ$ 是 M $\smile$

―――――――――――

A　　　∴凡 G$^\circ$ 是 H $\smile$

"从这个式子，我们立刻可以明显地看出在上面所举的例子中，共词 M 没有普及过一次。

"从这个式子，既然我们立刻可以明显地看出，在上面所举的例子中，共词 M 没有普及一次，所以上例是无效的。我们现在要追问，在两个前提中，如果共词 M 一次也没有普及，何以三段式无效呢？普通说来，大词所代表的类与小词所代表的类，必须与共词所代表的类之同一的部分关联着，我们才能推论大词所代表的类与小词所代表的类有何关联。如其不然，那么便是大词所代表的类与小词所代表的类在任何场合之下都没有发生过任何关联。这样一来，我们便无从决定这两个类有何关联。信戒杀论者是吃素的人之类之一部分，中国和尚也是吃素的人之类之一部分，我们实在推不出信戒杀论者与中国和尚有什么必然关联。因为，信戒杀论者也许是和尚，也许不是。吃素者也许是和尚，也许是在家人。猫是吃饭的，狗也是吃饭的，我们不能推论猫和狗有何关联。也许有人说，由猫和狗都是吃饭的，我们可以推论二者都是家畜。如果这算是'推论'的话，那么我们也可以开个玩笑，作这样的'推论'：猫是吃饭的，天上飞的麻雀也是吃饭的，所以天上飞的麻雀也是家畜。二位承不承认呢？这根本不是推论。由猫和狗都是'吃饭的'，而'推论'二者是家畜，这是外加的条件。这外加的条件不在前提里面，所以不算。如果这样能算是推论，那一定会弄出许许多多奇奇怪怪的结果，必至天下大乱。例如说：'你爸爸是人，我也是人，所以我是你爸爸。'这不是胡闹吗？"

"哈哈！"

"哈哈！"

"这样看来，逻辑规律不是无所谓的东西，它是有限制力的。逻辑规律看起来是形式的、空架子一般的、不着实际的。其实，如果我们具有真正严格的逻辑训练，便可感觉到它是具有规范力的。它确能帮助我们检证推理，因而避免了错误。"吴先生抽了一口烟，继续说，"我们现在讨论第二条规律吧！第二条规律是：凡在前提中没有普及的词端在结论中亦不得普及。我们还是举个例子……这个例子，我记得好像是从前举过的。我们再举一次，从前二位未曾明白的道理，在这里便可以明白了。

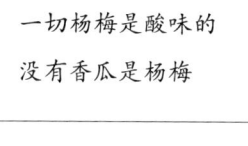

一切杨梅是酸味的

没有香瓜是杨梅

∴没有香瓜是酸味的

"这个例子，用前面所说的办法处理，就成下式：

A　　　　一切 M° 是 H ⌣

E　　　　没有 G° 是 M°

E　　　　∴没有 G° 是 H°

"由这个式子，我们一看便知'H'在前提中没有普及，在结论中普及了,有违第二规律。在上例中,结论'没有香瓜是酸味的',我们如果训练不充分,不易看出它的毛病,而且好像是对的。因为,在经验事实上,没有香瓜是酸的。其实整个推论是错的。如果整个推论是错的,即使结论是真的,那么在推论的场合,也是不一致的,所以以为错。这好像画一个摩登小姐,而安上一副三寸金莲的脚一样,是不调和的。

"如果我们将上例中的'香瓜'换成'橘子',其余的一点不更动,那么我们立刻得到一个假的结论:

一切杨梅是酸的
没有橘子是杨梅
———————————
∴ 没有橘子是酸味的

"'没有橘子是酸味的'显然是一个假的结论。而这个例子除了'橘子'这个词端更换了,一切与上例相同。上个例子由真前提得到真的结论,而这个例子由真前提得到假的结论。可见上例中结论之真是碰巧的,这个例子的结论之假也是碰巧的。既然前者由真前提得到真结论,而后者由真前提得到假结论,可见其中都没有一种必然的推论关联来支持它们,来运算于其间。其实,二例的推论都错了,其错同属一型,这由上列的式子一望可知。二者不过上列一式错误的推论之二例而已,由此可见仅凭经验根本无推论的把握可言。仅凭经验来'推论',常常免不了瞎摸乱猜。只有张开逻辑的透明之眼,我们才能找到必然有效推论的脉络。"老教授越说越出神,深深地吸了一口烟。

"为什么在前提中没有普及的词端,在结论中也不可普及呢?

这个道理说出来是很简单的：在演绎的推论中，不可由一类之一部分而推及其全部。如果这样，便犯了潜越的错误。依此，在前提中没有普及的词端所指的是一类之未确定的部分。因此，如果这个名词到结论中便潜越地指谓该类之全部，当然不对。吾人须知，可以断说部分者，不必可断说全部。

"我们还是进行第三条规律吧！第三条规律说：如果两个前提都是否定语句，那么无结论可得。二个前提是否定语句的情形不外乎：EE、EO、OE 以及 OO 四者。在这四者之中，无论哪一种都得不到结论。例如：

没有政客是诚实人
没有骗子是诚实人

"也许有人由这两句话得出'政客就是骗子'。这句话固然有人乐于接受，"老教授笑道，"但这是心理的联想，不是逻辑的推论。因此，我们只好忍痛割爱。"

"您是不是说，有许多话，固然为大家所喜，但不合逻辑时，逻辑家只有放弃它们呢？"王蕴理问。

"是的。"吴先生点点头，"由这一点正可以显示逻辑之理的尊严。……当然，说它'尊严'，无非表示因此而引起的情绪意象而已。就逻辑本身而论，无所谓尊严，也无所谓不尊严，这是我们要弄清楚的。从逻辑的观点来看，有许多为大家所喜的话言之无效。因而，站在逻辑的立场，只得放弃。从对或错这一角度来看，逻辑也是有所取舍的。心理的联想，有时对，有时不对，而逻辑的推论在一切时候都对。依逻辑的观点看来，从上面两句话推不出任何结论。因为，'政客'这个类被排斥于'诚实人'之类，'骗子'之类也被排斥于'诚实人'之类，但我们无由知道'政客'与'骗子'有何关联。普遍地说，如果 G 与 H 都被排斥于 M 以外，那么 G 与 H 在任何情形之下没有发生任何关联。如果 G 与 H 在任何情形之下没有发生任何关联，那么其无结论可得，理至显然。

"第四条规律：在两个前提之中，如果有一前提是否定语句，那么结论必须是否定语句。两个前提之中，有一个前提是否定语句的情形有六[1]：AE、AO、EA、OA、IO、OI，后二者不合下一规律，应被排斥，所以只剩四种情形。结果，在四种前提配列之中，每一种之结论都是否定语句。兹举一例：

没有草食兽是凶猛的

一切山兔是草食兽

∴ 没有山兔是凶猛的

"依前述办法，这个例子可以处理如黑板所示：

E　　　　没有 M° 是 H°

A　　　　一切 G° 是 M ⌣

E　　　　∴ 没有 G° 是 H°

---

1. 应有八种情形，原著遗漏 IE、EI 两种情形。——原编注

"由此可见这个例子所例示的推论是有效的。这一规律告诉我们，如果有 a 和 b 两个类互相排斥，即 a 的分子不是 b 的分子而且 b 的分子也不是 a 的分子，并且另有一类 c 被包含于 a 中，那么 c 亦必被排斥于 b 之外。依此，有 G 和 H，如果 H 被排斥于 M 之外，而 G 则被包含于 M 之中，那么 G 必被排斥于 H 之外。拿刚才举的例子说，如果'草食兽'之类不在'凶猛的兽'之类以内，而'山兔'之类则被包含于'草食兽'之类以内，那么'山兔'之类必然不在'凶猛的兽'之类以内。换句话说，如果'山兔'类属于'草食兽'类，而'草食兽'类被排斥于'凶猛的兽'类以外，那么'山兔'类亦必被排斥于'凶猛的兽'类以外。……这个道理明白了吗？"

"明白了。"周文璞说。

"这个道理可用几何图形表示。"王蕴理说。

"是的。既然明白了，我们就讨论第五条规律。第五条规律说：如果两个前提都是偏谓语句，那么无结论可得。这一条规律可以从第一条规律推论出来。照理不必提出，不过，为使各位多得一点逻辑训练起见，我们现在对于这一条加以证明。为了证明起见，我现在介绍一种形式。这种形式就是格式（figure）。我们从前已经说过了，M 在三段式中非常重要。而在三段式中，M 的安排有四种位置。M 的每一种不同的安排位置决定一个格式。依此，格式共有四种。"吴先生写着：

第一格式	第二格式	第三格式	第四格式
M—H	H—M	M—H	H—M
G—M	G—M	M—G	M—G
G—H	G—H	G—H	G—H

"三段式的格式有而且只有这四种。我们现在可用这四种格式作证明的工具。假若两个前提都是偏谓语句，那么前提的配列有四种可能：II、IO、OI、OO。但OO为第三条规律所排斥，所以只剩下前三种可能配列。我们现在看看在这三种可能配列之中的每一种配列下会有什么结果产生。

"第一，如果两个前提都是I，那么没有一个名词是普及的；如果没有一个名词是普及的，那么其中的共词当然也没有一次普及；如果共词没有一次普及，那么根据第一条规律不能得结论。所以，如果两个前提都是I，那么无结论可得……其实，这样已够证明II不能得结论。不过，为给各位更多的训练，我们拿格式试试。办法如前。

	第一格式	第二格式
I	M⌣—H⌣	H⌣—M⌣
I	G⌣—M⌣	G⌣—M⌣
I	G⌣—H⌣	G⌣—H⌣

	第三格式	第四格式
I	M⌣—H⌣	H⌣—M⌣
I	M⌣—G⌣	M⌣—G⌣
I	G⌣—H⌣	G⌣—H⌣

"从以上的解析可知，如果两个前提都是I，那么在四个格式之中，无一普及，所以不能得结论。

"第二,如果一个前提是 I 而另一个前提是 O,那么根据第四规律,结论必须是否定语句。如果结论是否定语句,那么必定将未在前提普及的词端在结论中变作普及的。这有违第二规律。

	第一格式	第二格式
I	M⌣—H⌣	H⌣—M⌣
O	G⌣—M°	G⌣—M°
O	G⌣—H°	G⌣—H°

	第三格式	第四格式
I	M⌣—H⌣	H⌣—M⌣
O	M⌣—G°	M⌣—G°
O	G⌣—H°	G⌣—H°

"在这四个格式之中,每一格式前提中之 H⌣ 到了结论里都变成 H°。这种推论显然无效。

"第三,如果一个前提是 O 而另一个是 I,那么可依四种格式来决定推论是否有效:

	第一格式	第二格式
O	M⌣—H°	H⌣—M°
I	G⌣—M⌣	G⌣—M⌣
O	G⌣—H°	G⌣—H°

```
         第三格式              第四格式

    O    M⌣—H°           H⌣—M°
    I    M⌣—G⌣           M⌣—G⌣
         ─────────        ─────────
    O    G⌣—H°           G⌣—H°
```

"在以上的证示中,在第二、第四两格式里,前提中的 H⌣ 到结论变为 H°,所以整个以 OI 为前提的推论无效。我们知道,逻辑推论必须有效。所谓有效,就是在每一解释之下都真,不许有一例外。如有一例外,那么整个规律便是无效的。

"在逻辑传统中,还有几条规律,而且各个格式各有其规律。不过,这些规律都可以从前面所说的规律推论出来。因此,我们不再讨论。"

第十二次 变式

"前两次,我们谈过三段式。今天,我们要谈谈三段式的变式。我们现在所要讨论的三段式之变式可以叫作堆垛式(sorites)。不过,我们必须明了,我们说堆垛式是三段式的变式,这是从将三段式作为基本形式而言,堆垛式可以分解为三段式。但是,堆垛式虽可分解为三段式,可是,这并不表示堆垛式必须以三段式为基础。堆垛式是否以三段式为基本形式,乃一相对之事。如果堆垛式不以三段式为基本形式,堆垛式依然可以独立自成一式。事实上,在几何学的推证程序中,未假定三段式时,堆垛式常被引用。

"什么叫作堆垛式呢?一系列的语句中,如有 n+1 个语句作为前提,而且有 n 个共词 M,那么除最后作为结论的语句,其余作为结论的语句皆隐没不见。这样一系列的语句所形成的推论形式,叫作堆垛式。"

"吴先生,这算是堆垛式的界说吗?"王蕴理问。

"是的。"吴先生点点头。

"这个界说,我简直不大懂。"王蕴理说。

"我也不懂。"周文璞说。

"大致说来，在表达一种学理时，常遇到一种不易克服的困难。即如果过分想做到容易了解，那么对于该学理不免打了折扣。如果对于该学理不折不扣，那么懂起来也许比较困难。关于数理科学，尤其如此。直到现在为止，我还没有看见太多的人把这两者调和至恰到好处。……"吴先生点燃一支烟，这回是好彩牌的，一边说，"当然，如果不从事教学工作，而只专门研究，如爱因斯坦、波尔、歌代勤等，碰不到这类问题。有些学问本身的结构使得人不是一步就可以了解的。例如，对于理论物理学，无论说得怎样通俗，不了解高等数学的人总是茫然。类此的学问实在不少。因为，这类的学问是在知识之较高的层次上，我们如果不经过那些必经的阶梯，是不会了解的。我们到乡下去玩，一脚就可踏进农人的茅屋。可是，游印度宫殿，那就非经过许多曲折回环，否则到不了奥堂。依此，如果一门学问不能太令人易于了解，其责不全在研究者。……现代逻辑里常有这种情形。"

"吴先生是不是不喜欢目前流行的这种风气，什么都要'大众化''大众化'的？"王蕴理又问。

"我……"吴先生笑笑，"我固然不太喜欢板起脸孔'讲学'，可是……可是太滥了我也不赞成。就学问来说，越是流行成了一种口头禅的东西，越是有问题。恐怕，少数人长年辛勤获致的成果，似乎不是大多数人在一两点钟之间就能了解、欣赏的。二位觉得怎样？"

"请老先生进来一下！"阿凤在喊。

"对不起，我家里有点事，请二位稍坐一会儿，我转身就来。"吴先生说着起身到内室去了。

"吴先生真有趣，什么事一到他嘴里就是一大篇道理。他很喜欢分析，而且牢骚又多。"周文璞说。

"不！你别错看了他。"王蕴理说，"吴先生是一个孤独的学人，一个孤独的灵魂。在他的辞色之间，时时流露着对当前世界的忧虑，尤其是对学术风气之败坏深致慨叹。一个把道理看得重要的人常常如此。"

"抱歉，二位久坐了。"吴先生转身进来，"……我们还是谈我们的吧！我们刚才说堆垛式的界说，由那引起一大堆不相干的话。我刚才所说的堆垛式的界说比较简练一点，似乎不易一下子就了解，其实是不难懂的。那个界说各位暂且放在心里，不要去管它。随便一点说，堆垛式，顾名思义就是二个或二个以上的三段式堆垛起来、每一三段式的结论为下一三段式的前提的一种推论形式。我们现在一直讨论下去。讨论完了以后，那个界说自然就懂了。……依前提排列的秩序，堆垛式可以分作两种：一种是前进堆垛式（progressive sorites），或叫亚里士多德堆垛式（Aristotelian sorites）；另一种是后退堆垛式（regressive sorites），或称葛克利堆垛式（Goclenian sorites）。我们先讨论前者。

"如果第一前提之后的每一新前提为一大前提，而且每一中间的结论是作为第二个三段式的小前提，那么这种堆垛式叫作前进堆垛式。"

吴先生说着顺手在小黑板上写一个例子：

欲平天下者先治其国

欲治其国者先齐其家

欲齐其家者先修其身

是故欲平天下者先修其身

"这个例子是现成的，而且很自然。在事实上，这个堆垛式是这两个三段式合成的。"

吴先生将这个堆垛式写成两个三段式：

$$欲平天下者先治其国$$
$$欲治其国者先齐其家$$
$$\overline{}$$
$$是故欲平天下者先齐其家$$

$$欲平天下者先齐其家$$
$$欲齐其家者先修其身$$
$$\overline{}$$
$$是故欲平天下者先修其身$$

"将这个堆垛式拆开，我们可以知道这个堆垛式是两个三段式合成的。在此，我们可以看出，第一前提'欲平天下者先治其国'是小前提，其余'欲治其国者先齐其家'和'欲齐其家者先修其身'都是大前提。第一个三段式的结论'欲平天下者先齐其家'在原来堆垛式中隐没不见，但拆开后就成第二个三段式的小前提。我们用甲代表'欲平天下者'，乙代表'治其国者'，丙代表'齐其家者'，丁代表'修其身者'。这样一来，刚才拆开的两个三段式可以写成：

第一三段式	第二三段式
凡甲是乙	凡甲是丙
凡乙是丙	凡丙是丁
∴ 凡甲是丙	∴ 凡甲是丁

"吴先生，照您在前面所说的，包含大词的大前提应该写在小前提上面，包含小词的小前提应该写在大前提下面，现在怎把小前提写在上面，把大前提写在下面呢？"周文璞问。

"这个不要紧，我们把它改写过来也可以。"吴先生又写出如下的两个三段式：

第一三段式	第二三段式
凡乙是丙	凡丙是丁
凡甲是乙	凡甲是丙
∴ 凡甲是丙	∴ 凡甲是丁

"吴先生，这不就是第一格式的三段式吗？"王蕴理问。

"对了！前进堆垛式一经解析根本就是第一格式的三段式，不过原来的写法不同而已。既然如此，它就根本可依处理第一格式的三段式之规律来处理。

"我常常提醒大家，究习逻辑，最忌泥滞于实例，我们必须理解普遍的形式。我现在把前进堆垛式的普遍形式写出来。

$$G \longrightarrow M_1$$
$$M_1 \longrightarrow M_2$$
$$M_2 \longrightarrow M_3$$
$$\vdots \qquad \vdots$$
$$M_{n-1} \longrightarrow M_n$$
$$M_n \longrightarrow H$$
$$\overline{\qquad\qquad\qquad}$$
$$\therefore G \longrightarrow H$$

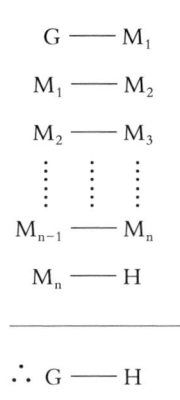

"这个普遍形式是很容易了解的。了解了这个普遍形式，我们就可以明了前进堆垛式的结构。任何前进堆垛式都具有这种结构。反过来说也是一样，具有这种结构的形式是前进堆垛式。

"前进堆垛式的讨论到此为止，我们再来讨论后退堆垛式。如果在第一前提之后的每一前提是一小前提，而且每一中间的结论是第二个三段式的大前提，那么这种堆垛式便是后退式。例子不必举，重要的事是，我们必须知道后退堆垛式也是三段式堆成的。我们尤其必须知道它的普遍形式。在此，我们暂且设一个架构，借之以分析此式。"

凡甲是乙
凡丙是甲
凡丁是丙

─────────

∴ 凡丁是乙

吴先生以手指着黑板道："这个堆垛式更显而易见是两个属于第一格式的三段式合成的。"他又写着：

    第一三段式　　　　　　第二三段式
    凡甲是乙　　　　　　　　凡丙是乙
    凡丙是甲　　　　　　　　凡丁是丙
    ―――――　　　　　　―――――
   ∴ 凡丙是乙　　　　　　∴ 凡丁是乙

"我们现在进一步将后退堆垛式的普遍形式写出来。

$$M_1 \text{—} H$$
$$M_2 \text{—} M_1$$
$$M_3 \text{—} M_2$$
$$\vdots \quad \vdots$$
$$M_n \text{—} M_{n-1}$$
$$G \text{—} M_n$$
$$\overline{\qquad\qquad}$$
$$\therefore G \text{—} H$$

"从前进堆垛式的普遍形式和后退堆垛式的普遍形式之区别我们可以知道，二者虽然在结构上都可以改成三段式的第一格式，但是，在另一方面，二者运算的程序则各不相同。前者是前进的，后者是后退的。前者比较自然，我们在日常言谈之间常常用到它。

"从以上的解析我们可以知道，堆垛式中除了第一前提与最后一个前提可能不是A，其余前提必须是A。"

"吴先生，不是还有省略式吗？"王蕴理问。

"你近来是不是有看点逻辑书？"

"看是看一点，不过书很老。"

"逻辑传统中是有所谓省略式，即enthymeme。可是，严格地说，省略式是说不通的。既云'式'必须是明显的（explicit）。凡不是明显地形式化的，便不能叫作'式'。现代逻辑极力要求这一点，'完全形式化'（full formalization）可以说是现代逻辑的重要希望。特别自语法（syntax）的研究昌明以后，我们更有希望接近这一点。逻辑传统中所谓的省略式，严格地说，不过是日常说话的方式而已，与逻辑推论一丝一毫相干也没有。所以，省略式既不成为式，不应列入逻辑的范围。不过，逻辑传统中既有此式，我们不妨顺便提一提。逻辑传统中所谓的省略式，有时省去大前提，有时省去小前提，有时省去结论。其所以作此省略者，原因当然不止一个，而最重要的原因似乎是所要举出的那一语句太明显了，明显到不必说出的程度。例如'人非圣贤，孰能无过，所以他也有过失呀！'这两个语句之中的'他也是人'被省略了。这几句话是不难摆成三段式的。二位不妨练习练习。可是，无论如何，这是一个修辞问题，不是一个逻辑问题。从前修辞、文法与逻辑的界线没有划清楚，因而有这样的问题产生。现在，这三者的界线已经划得相当的清楚了，所以现在没有这样的混淆。"

第十三次 关系

"吴先生!逻辑传统比现代逻辑的范围窄,是不是?"王蕴理问。

"是。"

"窄在什么地方呢?"王又追问。

"很多,很多,最明显而易见的地方,是逻辑传统没有将关系的研究包含进去。我想……如果当初逻辑传统将关系的研究包含进去,它的内容一定丰富得多。'关系'(relation)在逻辑里很重要。如果没有关系,那么逻辑的内容恐怕要少掉许多。十九世纪有位德国逻辑家叫作施罗德(Ernst Schröder),他对于关系就做过许多研究,蔚为大观。"

"关系既然这样重要,吴先生可不可以讲点给我们听呢?"周文璞问。

"当然可以,不过……关于关系的研究,认真说来,在逻辑各部门中是最复杂的一部门,我们现在只好简单地谈谈。"

"关系是什么呢?"王蕴理问。

"我们最好先不谈这个问题。就一派哲学的说法,关系好像是空气,无所不在的东西。这种说法无论通或不通,似乎不在逻辑范围以内，所以我们不必讨论。如果从纯逻辑观点来推敲什么是关系，那么必须从函数论，即 theory of functions 开始，这非我们现在之所宜。我们现在所知道的，是'关系'一词在各种情形之下的用法。照科学家看来，宇宙之间事事物物总是以各种不同的方式联系起来的。物理的事物彼此有空间关系，或有引力关系。人同人之间，是靠婚姻、血统、朋友、同学、同事、同队等关系联系起来的。

"关系，我们首先可以从两种观点来讨论。第一观点是从关系的性质（property）来考察，第二种是从关系的外范之数目来考察。就我们现在的目的而言，我们只能多注意关系的性质方面。在谈关系的种种性质以先，为了便于了解起见，我们要介绍几个概念。"

老教授一条一条地写着：

界域（domain）：
　　一种关系 R 的界域乃使 R 与各种事物发生联系的一切事物之类。例如，"做丈夫"关系的界域乃一切丈夫之类。

逆界域（converse domain）：
　　一种关系 R 的逆界域乃该关系 R 由之而生的一切事物之类。例如"做丈夫"的关系之逆界域，乃一切妻子之类。没有妻子，当无丈夫可言。当然，我们也可以说"丈夫"之类乃"做妻子"的关系 R 之逆界域。

范限（field）：
　　一种关系 R 的范限乃属于关系 R 的界域与逆界域的一切事物之类。换句话说，范限乃一种关系 R 的界域及逆界域之逻辑和（logical sum）。例如，一切丈夫与妻子的类乃"做丈夫"的关系之范限，也是"做妻子"的关系之范限，也是"夫妇"

关系之范限。

反逆（converse）：

关系 R 的反逆，乃当任何时候 a 与 b 有 R 关系时，b 与 a 亦有关系 R。[1]"在东"的关系乃"在西"的关系之反逆。"被称赞"这种关系，乃"称赞"关系之反逆；一种关系 R 的反逆之界域的分子与 R 的反逆范限的分子相同。[2]

"谈到关系的性质，基本的有三种，即自反性（reflexivity）、对称性（symmetry）和传达性（transitivity）。而每一种都有其反面和中间情形，所以一共有九种。

"自反性。一谈到自反性，我们不要望文生义，以为是'吾日三省'中的那种'自反'。那种'自反'，是在道德修养上做功夫。也不是所谓'自反的思想'（reflective thinking）中的'自反'。这种自反，至少在一种意义之下，是思想反照着思想。我们现在所说的自反是一种纯粹的关系：一个类是它自己，一个语句是它自己。用符号来表示是：

$$xRx$$

"如果 aRa 对于关系 R 的范限之每一分子为真，则此关系 R 是自反的。'相似'是一种自反关系。一个人，无论如何，在任何情

---

1. "b 与 a 亦有关系 R"应改为"b 与 a 所具有的关系"。原著此处误将"关系对称"之定义作为"关系的反逆"之定义。——原编注
2. "……与 R 的反逆范限的分子相同"应改为"……与 R 的逆界域的分子相同"。——原编注

形之下，总是与他自己相似的。

"自反的反面是不自反（irreflexive）关系，如果 aRa 对于关系 R 的范限之每一分子为假，则此关系是不自反的。'异于'是不自反的关系。任何人不能'异于'他自己。'做儿子'的关系是不自反的。任何人不能够自己做自己的儿子，'做父亲'的关系也不是自反的。一个人不能是他自己的父亲。不自反关系，在我们现在看来，似乎无关紧要，不值一提，这是因为我们没有碰见逻辑上比较精细的问题。类的分子关系（class membership）是不自反的，这点就甚关重要，如果不然，我们说类是它自己的分子，那么便会引起极严重的自相矛盾。这种自相矛盾是一种诡论。现代逻辑家费了很大的气力才消除了这种诡论。

"在自反与不自反之间有准自反（mesoreflexive）关系。如果 aRa 在有些情形之下为真，而在另外的许多情形之下为假，则关系 R 为准自反，'欣赏'便是这种关系。有人自我欣赏，有人不好意思，所以，是准自反的。在一类人中，'自傲'是准自反性的关系。因为，在一类人中，有的人自傲，有的人不自傲。可能自反而不必然自反的关系就是准自反关系。

"对称性。如果无论在何种情形之下 aRb 为真则 bRa 亦真，则关系 R 是对称的。'夫妇'关系是对称的，如果 a 与 b 有夫妇关系，则 b 与 a 也必有夫妇关系。中国传统的建筑多半是对称的；皇帝两边有左臣右相，也是对称的。曹操款待刘备，青梅煮酒论英雄时，若曹操坐在刘备对面，刘备也当然坐在曹操对面，'对面'就是有对称性的。'同年'有对称性，如果张三与李四是同年的，那么李四一定也与张三是同年的。不过，逻辑并不涉及类此一个一个有对称性的特殊关系，而只研究普遍的对称性。对称性用符号表示出来是：

如果 aRb，那么 bRa

"在黑板上所写的公式中，a、b……表示关系项之变量。R 表示任何关系。于是，这个公式读作：如果 a 与 b 有 R 关系，那么 b 与 a 有 R 关系。假若 a、b 是一对双生子。如果我们说 a 的相貌像 b，那么我们也得承认 b 的相貌像 a，因为'相像'是对称的。在这种关系之中的两项，无论怎样对调，总是说得通的。"

"可是，并非所有的关系皆有对称性。周文璞，我现在请问你，如果 a 是 b 的弟兄，那么 b 是否 a 的兄弟？"吴先生慢慢吸烟，等着周文璞回答。

"大概是的吧！"

"哈哈，大概是的！我说大概不是的。逻辑界域里有什么大概可言？"老教授忍不住笑道，"如果苏辙是苏轼的弟兄，那么苏轼是不是苏辙的兄弟？请你再想想。"

"当然是的。"

"好吧！那么我再请问你，如果苏轼是苏小妹的弟兄，那么苏小妹是不是苏轼的兄弟？"

周文璞愣住了。

"哦！这一下你发现困难了吧！从这个例子，我们就可以知道，我们不能由 a 是 b 的弟兄而随便顺口就说 b 是 a 的兄弟。如果 a 是 b 的弟兄，那么在有的情形之下，b 是 a 的兄弟；在另外的情形之下不是，而是姊妹。类此的关系很多。例如，如果甲男子爱乙女子，那么乙女子也许爱他，也许不爱，可没有人保险，是吧？"

"呵呵！"

"哈哈!"

"这种关系用符号表示出来是,"吴先生又在黑板上写着:

如果 aRb,那么 bRa 或不是 bRa

"这种关系性质叫作准对称性(mesoymmetry)。'做朋友'的关系便是准对称性的。a 跟 b 扯交情,b 不见得一定与 a 扯交情:也许扯,也许不扯。有的人爱说'我的朋友胡适之',也许胡适之还不认得他哩!……可是,准对称性并不是反对称性(asymmetry)。反对称性可以表示为:

如果 aRb,那么不是 bRa

"如果美国较英国富,那么一定不是英国较美国富;如果我较你高,那么你一定不比我高;如果甲在乙之右,那么乙一定不在甲之右;如果黄帝是我们的祖先,则我们一定不是黄帝的祖先。'做祖先''较富''较高''在右'等关系都是反对称性的。

"我们现在要谈谈传达性(transitivity)。假若某赵大于某钱,而且某钱大于某孙,那么一定是某赵大于某孙。假若有 A、B、C 三个类。如果 A 包含 B,而且 B 包含 C,那么一定 A 包含 C。如果甲矮于乙,而且乙矮于丙,那么甲一定矮于丙。'大于''包含''矮于'等关系,都是有传达性的。用符号表示是:

如果 aRb 而且 bRc,那么 aRc

"可是,如果 a 和 b 有某种关系 R,而且 b 和 c 有某种关系 R,那么 a 和 c 之间在某种情形之下有某关系 R,而在其他情形之下没有,这种关系叫作准传达性(mesotransitivity)的关系。用符号写出来:

如果 aRb 而且 bRc
那么 aRc 或不是 aRc

"这种关系是很多的,'朋友'关系便是其中之一。如果英国是美国的朋友,而且美国是中国的朋友,那么英国不必是中国的朋友。如果周文璞是王蕴理的朋友,而且王蕴理是另一人的朋友,那么周文璞也许是另一人的朋友,也许不是那另一人的朋友。周文璞也许根本就不认得那个人。所以,我们不可因周文璞是王蕴理的朋友,而且王蕴理是那另一人的朋友,而推论周文璞是那另一人的朋友。'朋友的朋友是朋友'不见得是真话。'喜欢'也是如此,甲喜欢乙,而且乙喜欢丙时,甲也许喜欢丙,也许不喜欢,并无一定,这是因为'喜欢'虽然可能有传达性,但不必然有传达性。

"不过,准传达性与反传达性(intransitivity)不同,我们不可混为一谈。"吴先生加重语气,"反传达性的关系是:如果 a 与 b 有某种关系 R,而且 b 与 c 有某种关系 R,那么 a 与 c 一定没有某种关系 R。我的祖父是我父亲的父亲,但是,我的祖父一定不是我的父亲。X 是 Y 的儿子,Y 是 Z 的儿子,X 一定不是 Z 的儿子。具有这种性质的关系很不少。'……的师傅''……的母亲'等都是。我们可以将这种关系性质表示作……"

吴先生写出:

如果 aRb 而且 bRc，那么不是 aRc

吴先生靠在沙发上，慢慢抽着烟。

"这几种关系性质并列在一起，便有怎样的性质呢？"王蕴理问。

"如果这几种性质并列在一起，那么所产生的性质便很复杂。我们现在只将几种最简单的提出说说。

"最显然易见的性质，是既自反又对称而且又有传达性的关系。等于，就是具有这三种性质的关系。A等于它自己，这是有自反性；若A等于B，则B等于A，这是有对称性；若A等于B，而且B等于C，则A等于C，这是有传达性。

"既有对称性又有传达性的关系。'同时'是既有对称性又有传达性的关系。若甲与乙同时到达，则乙必与甲同时到达；若甲与乙同时上船，而且乙与丙同时上船，则甲与丙必为同时上船。

"有对称性而又有反传达性的关系，一排士兵在一条直线上站立时便有这种关系。若甲兵紧靠乙兵之旁，则乙兵必紧靠甲兵之旁。这是有对称性的。可是，若甲兵紧靠乙兵之旁，而且乙兵紧靠丁兵之旁，则甲兵一定不是紧靠丁兵之旁，这是无传达性。

"有传达性而又有反对称性的关系。若周文璞比王蕴理起得早，而且王蕴理比我起得早，则周文璞一定比我起得早。'早些'有传达性，但无对称性。若周文璞比王蕴理起得早，则王蕴理一定不比周文璞起得早。'兄长'也是如此。若老大是老二的哥哥，而且老二是老三的哥哥，则老大一定是老三的哥哥。这是有传达性，但没有对称性。若老大是老二的哥哥，则老二一定不是老大的哥哥。'美些''在右'等都属这一类。

"反对称而又反传达的关系。'做祖父''做父亲''做儿子'……

都是这种关系。若甲是乙的祖父，则乙一定不是甲的祖父，这表示'祖父'无对称性；若甲是乙的父亲，而且乙是丙的父亲，则甲一定不是丙的父亲。'做儿子'的关系亦然，都无传达性。

"从关系的外范着想，即依照关系所包含的项目之多少着想，关系可以分作二项的 dyadic，三项的 triadic，四项的 tetradic，五项的 pentadic……多项的 polyadic。'罗密欧爱朱丽叶'，在这个语句中，'爱'是二项关系。结婚时'做介绍人'则是三项关系，因此项关系牵涉'做介绍人者、男方、以及女方'。"

"我们还可以从别的方面来考虑关系吗？"周文璞问。

"当然可以。依项目与项目之间的对应情形来考虑，关系可分作：一对一（one-one）、一对多（one-many）、多对一（many-one）、多对多（many-many）四种。在基督教的规定之下，夫妇关系是一对一的关系。可是，假若一个未婚女子不止交一个男友，则她对男友的关系是一对多的关系。……所以，"老教授笑道，"你在与某小姐交朋友时，别生出误会，以为是一对一的关系哩！"

"哈哈！学了逻辑就不致误会了！"周文璞得意地说。

"'做司令官'的关系也是一对多的关系。是不是？因为，在一个单位中，只有一个司令官，而兵则很多。多对一的关系也常见。在演讲中，听众是多，讲演者往往是一。'做臣仆'的关系也是多对一。在古代专制之下，做臣仆者众，而做君王者只有一人。多对多的关系，例如，'做教员'。在一个学校中，教员有许多，学生也有许多，所以，是'多对多'。

"关系的研究，我们在这里已把基本要点指出。至于详细的推演，只有待将来。"

第十四次 关于思想三律

"前几天朋友送来一包印度红茶,我看味道的确不错,二位请试试看。"

吴先生叫阿凤泡了三杯红茶,拿到客厅来。

"好,谢谢。"周文璞尝了一口,"印度北部阿萨密省一带,茶园非常之大。有时火车走了半天,还是在茶园范围里跑。茶树栽得很整齐,树脚下一齐涂满白色的防虫药粉,每当微雨初晴、天气好的日子,喜马拉雅山隐隐在望,印度采茶女纷纷出来采茶,成千成万,红红绿绿,一直映到地平远处,煞是好看。"

"哦!你到过那儿?"吴先生问。

"曾到过一次。"

"印度也有逻辑吧!"王蕴理问。

"有些人是这么说的,即因明学,不过……"吴先生轻轻摇着头,"我很少听到严格弄逻辑的人这么说的。此'逻辑'非彼逻辑。当然,因明学也多少有点逻辑成分。可是,如果因着因明学多少有逻辑成分而可以叫作逻辑,那么几何学与代数学更可以叫作逻辑,因为二者的逻辑成分更多。因明学有近似三段论的地方,有时又夹杂着归纳似的举例求证。我看与其说它是逻辑，还不如说是方法论——佛学方法论。它是为佛学之建立而发展的方法论。这与西方传衍于亚里士多德的逻辑实在大异其趣。亚里士多德的逻辑，主要系为知识而知识的产品，它发展到了现代，尤其如此。因明学呢？只能看作宗教思想的副产品。如果一定要叫它逻辑，也未尝无此命名之自由。不过，在叫它逻辑的时候，我们必须知道它与我们这些日子所讲的逻辑在内容上并不相同。我们不可因为别人叫它逻辑，而与衍发于亚里士多德的逻辑混为一谈。在军队里叫'张得标'的不止一个，但是，甲营的张得标其人一定不是乙营的张得标其人。这是我们必须弄清楚的。"

"这样一来，吴先生所说的逻辑，其范围是不是太狭？"周文璞问。

"如果将许多性质根本不同的东西都叫'逻辑'，恐怕太泛。如果十个人都叫'李得胜'，一个做裁缝，一个做木匠，一个做电灯匠……功能各不相同。当我们要木匠的时候怎么办？这多么容易引起误会。在事实上，'逻辑'这个名词在历史上曾用来表示知识论之一部分、形上学之一部分等。可是，那是在过去，大家对逻辑的性质和范围还不明白所致。到了今天，逻辑的性质和范围已经大明，我们是否还应该把过去历史上的混同保留下来？现在逻辑的范围包含：①语句联系论，②函量论，和③集合论。现在有的人讲①和②二者；有的人则除①和②以外，还讲③。如果现代逻辑家公认逻辑①、②、③都须研究，在这一条件之下，如果有人只研究①和②而排斥③，那么我们可以说他太狭。"老教授加重语气说，"有而且只有在这一条件之下，我们才可说这个人将'逻辑'的范围限制得太狭了。有而且只有在这一条件下，说这人将逻辑的范围限制得太狭了，这话才算没有错。如其不然，将历来都叫逻辑的东西，依然纳入逻辑一名之下，这也许是表示用名词之自由，也许表示爱保留历史习惯，但却无视至少半个世纪以来逻辑之重大的进展。如果因不能将知识论之一部分、形上学之一部分，或印度因明学，叫作逻辑，而说太狭，那么这种太狭，就使学问谨严这方面来说，倒是很必要的。这样的划分和范围之确定，在西方学校里早已弄清楚了。"老教授慢慢抽着烟，凝视窗外的绿竹。

"今天，吴先生预备讲什么题目呢？"王蕴理问。

"刚才又把话题岔开了。"吴先生沉思了一会儿，"我已经与各位谈逻辑谈了这么久，逻辑上的基本题材已经谈了一些。……如果再谈下去，而且要谈纯逻辑的话，那么技术的成分就越来越多。到了那个地步，我们这种讨论方式根本不适用，恐怕得换另外一个办法。那种办法，就得常常动手演算的。"

"逻辑里有三大思想律，有的书在一开首时就说到的，吴先生为什么一直不提呢？"王蕴理问。

"啊哟！这个问题很重大。……你是不是看旧式教科书上这么说的？"

"是的！吴先生的意思是不是说旧的东西不好？"

"不是，不是，"老教授连忙摇摇头，"我并不是这个意思，我并不是无条件地说旧的东西不好。不过，逻辑与哲学的情形有些不同。哲学不一定是新的好，过去的大哲学家有许多哲学上的原创能力（originality），我不相信现在有太多的人能够超过柏拉图、亚里士多德、休谟、康德的原创能力。哲学的原创观念固然不免受到修正，可是并不怎么急速，而技术性的东西则不然。技术之进步常较基本观念之进步急速。现代的印刷术与从前初发明时比起来，不知高出多少倍，高速度的葛斯轮转机每小时可印报二十万份。现在小学生会算的算术，在古代要大数学家才能解决哩！逻辑亦然。逻辑的技术成分很多。因而，传统教科书里的许多说法，照现代逻辑的眼光看来，是说不通的。所谓三大思想律，尤须重新估量。……不过，这就与我们现在的讨论不太相宜。因为，我还没将一些预备的知识告诉各位。"

"吴先生可不可以大致说说？"王蕴理问。

"好吧！既然提出了这个问题，我们就简单讨论一下。所谓三大思想律，它们的说法各别是：同一律（law of identity）是：A 是 A；矛盾率（law of contradiction）是：A 是 B 与 A 不是 B，二者不能同真；排中律（law of excluded middle）是：A 是 B 或 A 不是 B。

"先谈三大思想律重要与否之问题。三大思想律，如果从知识论或形上学方面着眼，也许很重要。但这不在纯逻辑范围以内，所以我们不必讨论。从纯逻辑观点来考虑这个问题，那就不能离开技术。从技术观点说，三大思想之重要或不重要，乃是相对的。这也就是说，三者相对于某一系统构造而言，也许很重要，或将它们置于始基语句（primitive sentences）之地位。相对于另一系统构造而言，三者也许毫不重要，不被放在始基语句之地位。怀特海（Whitehead）与罗素（Russell）合著的《数学原理》（*Principia Mathematica*），被公认为是亚里士多德的《工具论》（*Organon*）以后逻辑上最重要的著作。它是逻辑从旧的阶段发展到新的阶段之一个里程碑，凡属研究逻辑的人都须读到这部书。在这部书所陈示的系统里，所谓三大思想规律根本不重要，没有被放在始基语句之地位，而只是作为三个被推论出来的语句而已。而且，就迄今为止，无论是希尔伯特（Hilbert）和阿克曼（Ackermann）的系统、奎因

（Quine）的系统、刘易斯的系统，或许多波兰逻辑家的系统，都没有将三者作始基语句。所以，三者在这些系统里根本不重要。这原因很明显，因为它们在记号结构上不够丰富，因而缺乏衍生力量。

"三大思想律的陈示之本身就有歧义。它们是关于事物的规律呢，还是关于语言层面（linguistic level）的规律？关于这一点，在逻辑传统中，正如在对待关系中对于A、E的解释一样，本身就很不一致。

"如果三大思想律是关于事物的规律，那么，简直……简直一点意思也没有。试问A是A，关于事物说了些什么？我们因它而对于事物获得了什么知识？'A是A'这话，朴素的（näive）人似乎容易解释为'一个东西是一个东西''人是人''小孩是小孩''毛虫是毛虫'。而这些例子中的'是'字，很容易被解释作'肯定'。于是，'小孩是小孩'就解释作'肯定小孩就是小孩'；'毛虫是毛虫'就解释作'肯定毛虫就是毛虫'。'肯定毛虫就是毛虫'予人的意象就是'肯定毛虫不能变'，不能变成蝴蝶了。这样一来，又往前引申，于是说'传统逻辑'是'静的逻辑'，'静的逻辑'不足以作为规范世界的发展法则，要能作为规范世界发展的法则必须有'动的逻辑'了。'动的逻辑'说'A是A又不是A'。这种说法，因为接近感官感觉，所以有些人信以为真。其实，这全系搅混之谈。就语意学的观点看来，这是文字魔术。这种魔术背后有一种实际的目的，即暗示要人推动世界，要世界变。这个，我们现在暂且不提。最有趣的是若干年来的魔术家竟在学术的面貌之下欺人至此，而有些人居然为之蒙蔽，真是奇事！我们要知道，说'A是A'的逻辑家，自古至今，不知凡几，如非大愚，宁不知事物时时变动之此一浅显常识？如非白痴，彼等何至'肯定'毛虫不变为'蝴蝶'？其所以说A是A，一定有相当用意。不过因为古代逻辑家将形上学的观念、知识论的观念、语意学的观念以及纯逻辑概念分不清楚，而且语言的表达能力不如今人，语法（syntax）、语意（semantics）和语用（pragmatics）三大语言因次（dimensions）尚未辨析明白，以致关于'A是A'之解释不一致。关于矛盾率与排中律亦然。最有趣的是，同一律与排中律都是纯逻辑的规律，许多人如此不容忍同一律，而对于排中律却一字未提。是否排中律之'排中'大有利于暗示'斗争'？大有利于将人类社会作简单之'二分法'？……哈哈！

"在'A是A'中，A是变量，这一变量可代表任何名称。'是'乃一系词。可是，它有好几种意谓。而变量A的级距（range）不定。所谓级距，就此处说，是应用的范围。因此，级距不定，意即应用的范围不定。既然系词与变量有些毛病，于是整个'A是A'的意谓也就含混不清。

"同一律这样简单的语句，自然容易作种种不同的解释。但是，它在逻辑范围里从语意方面解析起来，却有一定的意义。同一律所表示的概念是一个很简单的概念。就常识看来，简单到几乎不值一提。可是，它又是一个必不可无的基本概念，所以，又非提不可。我们要精确表示同一概念，似乎只有求助于同义字。我们说〇和Y是同一的，等于说〇和Y是同一的东西。每一事物与其自己同一，而不与别的东西同一。双生子，严格地说，只是相似，而不是同一。至少，他们占不同一的空间，吃不同一的东西……他们无论怎样相似，总是两个个体。正因同一概念这样简单，所以引起许多误解。比较规矩而有思想的人会问：如果任何事物与其自身同一，那么同一概念琐细不足道；如果我们说一个事物与别的东西同一，那么便是假的。这么一来，同一概念何用之有？同一概念如果无用，同一律又有何用？

"这种想法是不够精细的。这种不够精细的想法之所以发生，是由于以为只有上述两种可能。在实际上，不止有这两种可能，而是有三种可能的。这三种可能，我们可以举例如下。"老教授又在黑板上写着：

① 张江陵 = 张江陵
② 张江陵 = 张巡
③ 张江陵 = 张居正

"第一种可能说'张江陵等于张江陵'。这种说法固然是真的，但是，这种真琐细不足道。至少就日常用语来说，这种说法无味。第二种可能说'张江陵等于张巡'。这告诉我们一个错误的消息，所以，第二个可能为假。为假的语句是必须消去的。第三个可能说'张江陵等于张居正'。这句话告诉我们一个正确的消息。这个消息，至少对于初念历史的学生而言，或者对于不知者而言，不能谓为毫无所说。因而，不能谓毫无价值。所以，第三种可能可以表示，同一概念既不是琐细不足道的，又不是错误的，而是既为真又有用的。是不是？

"第三种可能之所以确乎传达了消息，因为它借联系两个不同的名词而告诉了我们一种情形或事态。同时，这一消息又是真的，因为这两个名词'张江陵'和'张居正'所指是同一对象。或者，换句话说，这两个名词是同一对象之不同的名称。包含同一概念的语句，包含着两个指谓同一事物的名词。这两个名词必须不同。因不同，这个语句才有用。

"复次,我们必须弄清楚,我们在这个语句中说这些不同的名词同一的时候,所说的并非名词自身同一,而是说,相对于这些不同的名称而言,如果所指系为同一的事物,那么我们就说它们是同一的。例如,'张江陵'这个名称之所指,与'张居正'这个名称之所指,都是在明朝做过宰相,而且出生于湖北江陵县的那一个人。当然仅就名而言名,'张江陵'与'张居正'是两个不同的名。因为'江陵'的笔画与'居正'不同,'张江陵'与'张居正'永远各占不同的空间位置。我们说及一名之所指对象时,我们总是用适当的动词或形容词于此所指对象之名,但是,我们没有理由希望,我们对于此名所指对象之所说者,对于名此所指对象之名亦真。例如,我们可以说张居正为人严刻,但我们不能说'张居正'这个名字严刻,我们只能说'张居正'这个名字是由三个不同的字连缀而成的。然而,我们不能说张居正这个人是'由三个不同的字连缀而成的'。这样看来,形容一名的形容词,不能用来形容一名的所指对象;反之亦然。可是,许多日常语言的混乱,尤其传统哲学上的许多混乱,起于不明了这种分别。所以,我们有特予指明之必要。

"如果人类的语言为世上事物之完备的摹写,即每一物有而且只有一名,并且每一名指谓而且仅仅指谓一物,那么包含同一概念的语句便是多余的了。但是,这样的语言一定异于吾人今日所用的自然语言。而自然语言的用处,有一部分系由于不以'一物即有一名'的方法来描写自然所生。同时,我们还知道,在一般情形之下,我们仅仅研究语言,不足以决定在一个陈述词中的不同名词是否同一。我们仅仅研究'张居正'和'张江陵'这两个名词,不足以决定二者之所指是否同一。我们要决定二者之所指是否同一,还得研究历史事实。

"我们明白了上述道理，便可对这个问题作进一步的讨论。现代许多逻辑家认为同一律乃一语意原则（semantical principle）。这一原则告诉我们，在一所设意义系统（context）之中，同一个文字或符号在这一场合以内的各个不同之点出现，必须有一固定的意谓或指涉（referent）。这是语言的意谓条件，没有这个条件，语言不过是一堆声音，或杂乱无章的记号而已，因此也就毫无意谓可言。无意谓可言的语文不能令人了解，也就不能成为交通意念的工具。

"我记得我从前曾写过五个'人'字，我说这五个'人'字是一个'人'字的一个记号设计的五个记号出现。这五个记号之所以同为一个记号设计的记号出现，因为它们虽然有五个，而只有一个意谓。这也就是说，这五个记号出现只有一个记号设计，而这一个记号设计只有一个固定的指涉。因而，这五个记号出现也有而且只有一个固定的指涉。一切语言文字或符号的用法必须谨守这一原则。否则，便会发生歧义或多义。这样的语言，如果不是为了有意胡扯，便是用此语言者训练不够；不是训练不够，便是本来就为了使言语产生丰富的意象，使人去猜，去得诗意。'如如'便是这种语言之一例。就物理形式看来，两个'如'字同属一个物理形式，是一个记号设计；可是，两个如字的指涉各不相同。头一个'如'字的意谓不等于第二个'如'字的意谓。'如如'翻译起来，像是世界是如其实的样子，'The world is everything that is the case'〔借用路德维希·维特根斯坦（Ludwig Wittgenstein）语〕。'道可道非常道'中之'道'也是如此。

"同一律只要求用语言者，他所用的一个文字记号，在同一场合以内，如果出现 n 次，必须始终保持一个指涉。这完全是说话用字方面的问题，与事物本身之变或不变、世界之动或静，根本毫不相干。这些问题无论重要或不重要，都属于形上学的问题。即使是形上学，如要人懂，也必须遵守用语言文字的这种起码条件。一个人如果由少变老了，那么你就说他是老了好了。这样自由命名命句，没有逻辑来限制你的。所谓'A 是 A 又不是 A'这是说夹杂话：用同一个语言文字或记号来名谓同一事物之不同的发展或形态。人在少年时就说他是少年，到了老年就说他是老年而不说他是少年好了，你总不能说少年是少年又不是少年。无论年龄中有何'内在法则'，如果你愿意用语言来描述它，而且你又不愿意自愚而愚人，那么你总得条分缕析，是甲就还它个甲，是乙就还它个乙。无论怎样变，你的形容词或命名当然也可以跟着不同。你总不能不说少年是少年、中年是中年、老年是老年，而这三者都是'A 是 A'之不同的三个例子。可见同一律没有在任何时候否认变之可能。当然，它也没有承认变之可能。因为承认变之可能或否认变之可能，这是形上学分内之事，与逻辑无涉。如果像'A 是 A 又不是 A'这样的话可以说，那么势必使语言失效。例如，我们说'柏拉图是个人又不是个人'。这话多别扭。"

"是，我就觉得这种说法怪别扭的。"王蕴理说。

"我们常常听到人说，一个东西的'本质'改变了时，我们怎么还可以说它与它自身同一呢？比如说，我的身体经过了相当的时候就变了，怎么能够说是同一的身体呢？读哲学史的人知道，这个问题自赫拉克利特（Heraclitus）即已有之。他说，'你不能把你的脚浸入同一的河水中两次，因为，当你第二次把脚浸入河中时，河中的水已是不同的水'。中国古人也说，'逝者如斯，不舍昼夜'。的确，这是一个比较困难的问题。我们要解决这个问题，其关键并不在同一概念，而在事物与时间概念。物理的事物，无论是人体也好，河川也好，在任何时间，是散在空间的原子同一时瞬状态之和，或其他散在空间的细小事物之和。正如事物在一个时候是这些散在空间的细小事物之和，我们也可以把继续存在于一个时期的东西想作许多在时间存在的细小事物之和，这些细小事物是继续存在的事物之连接的瞬间状态。我们如把这些概念联系起来，我们就可以把在空间扩延的东西与在时间扩延的东西看成一样的东西，这一事物乃微粒的瞬间状态之和。或者，简单地说，它是微粒瞬间（particle-moments）。它在一段时间里延伸，正如其在空间延伸一样。这种说法可用之于河川、人身，也可以用之于金刚钻。当然，金刚钻变得慢，人身较快，河川更快而已。不过，在理论上，并无不同之处。河川与人身一样，包含微粒之瞬间状态。

"这样看来，可知每一事物等于其自己。既然如此，我们当然可以将脚浸入河中二次。我们将脚浸入河中二次时，尽管每一次的水不同，可是河还是那一条河。当我们在一分钟之前将脚浸入嘉陵江时，一分钟以后再浸入，还是可以说浸入嘉陵江。尽管水分子已不相同，但并不妨害我们名之曰嘉陵江。是不是？我们所不能做者，只是在急流中于前一分钟浸入一堆水分子，在后一分钟浸入同一堆水分子而已。一名所指的整个事物之若干变化，并不足以搅乱所名整个事物与其自身之同一，因而不能使其原名失效。假若变到需要另用一名以名之时，吾人当可用另一名以名之。这样看来，名是跟着所指而换的。严格言之，事物有'变化'，名则无所谓变化，名只有'更换'。我们因事物之变化而更换名词，好像因早晚之不同而更换衣服。衣服没有生命无所谓变化。"

"矛盾律怎么讲呢？"周文璞问。

"矛盾律与事物的矛盾更不相干。事物只有相反，根本没有所谓逻辑矛盾。逻辑对于经验事物既不肯定又不否定，那么经验事物何逻辑矛盾之有？逻辑矛盾必须满足二个条件：第一，X与Y共同穷尽；第二，X与Y互相排斥。共同穷尽和互相排斥的意义，我们在许久以前谈过了，现在不赘述。依这二个条件来说，事物界没有同时满足这二个条件的，所以事物界没有逻辑矛盾可言。事物界充其量只有相反如生与死、善与恶……

"从包含一个语句演算的原理中推论不出A与~A二者。此处'~'代表'不是'。或者说，从一个包含一组公设的逻辑原理中，得不到A与~A二者。这便是矛盾律。显然得很，这个规律与语意无关，而是一个语法原则（syntactical principle）。浅显地说，矛盾律告诉我们，我们不可承认两个互相矛盾的表示（expressions），即A与~A二者，可以同真。既言'表示'，则矛盾律所涉者当然是'语法'规律，而不是事物规律了。关于这种分别，我们在弄逻辑时必须随时随地弄清楚，以免混乱。

"最后，我们所要讨论的是排中律。所谓'排中律'并不排斥事物之中。排中律不是事物律，因而不排斥事物有中间的情形。在一系列事物之中，它并不是说只有阴与阳，而没有中性……排中律也可以看作一语意原则。它说，指与所指之间必须有所指定。一个文字或符号，要么指谓X，要么不指谓，不可以既指谓又不指谓。排中律是从另一方来固定指涉的，或说，它是固定指涉之另一方式。不过，数学家布劳威尔（Brouwer）一派的人，叫作直观派，他们不赞成排中律。可是，这又走到一个很专门的范围里，我现在不讨论。

"从以上所说的看来，三大思想律并非思想律。三者为何不是思想律，这个理由可以从我们从前所说逻辑何以不是思想之学的理由推论出来。这三大律是语意或语法之最低限度的必须条件。违反了这些条件,就无语言意谓可言,或得出互相矛盾的结论。各位懂了吧!"老教授又不断抽着烟,沉思着。

第十五次 语意界说

"我们今天不妨把界说和分类谈谈。"吴先生照例坐在他惯坐的那张椅子上。椅子临窗,窗外长满了茑萝。红色的小茑萝花正在盛开。吴先生抽着烟,神色沉静:"在许多科学书上,一开头常常有一个界说(definition)。这种界说的作用,在告诉读者某门科学是研究什么的。在订定条约或开谈判的时候,双方常常对名词定立界说,以求字义清楚,而不致发生多样的解释。在一般情形之下,我们讨论一个问题时,彼此虽然使用同一的名词,可是还常有格格不入的情形。之所以如此,从语言方面着想,是由于同一名词的意义不同。碰到这种情形,我们就得很机警,中止主题讨论,对所用名词复位界说。这样,即使各人意见不同,可以弄清楚不同之点究竟何在。于是,至低限度,也可以减少一些不必要的口头纠纷。可见界说是语言文字的实际运用中实际不可少的程序。

"所谓界说是什么呢?当我们表示某一新介绍进来的名词的意义就是某某原有名词的意义,或者,我们表示某一新介绍进来的符号等于原有符号,这种程序就是界说。例如说:'生物学是研究生命现象的科学。'这是一个界说。在这个界说中,有两个名词,即

'生物学'和'研究生命现象的科学'。后一个名词是介绍前一个名词之意义的。生物学家之所以替'生物学'定立这个界说，是恐一般人不了解'生物学'是什么意谓。他假定'研究生命现象的科学'这一名词为大家所了解，于是拿大家所了解的这个名词来界定（define）'生物学'这个名词。许多界说都是这样建立起来的。

"逻辑不研究一个一个特殊的界说，逻辑只研究界说的形式结构或其形式的性质。各门科学各有其界说，这些不同的界说各有不同的内容。物理学的界说之内容与地质学的界说之内容就不相同。虽然这些界说各有不同的内容，但是，在这些界说成为界说时，必须有共有的形式结构或形式性质。这些界说所共同具有的形式结构或形式性质，便是逻辑所要研究的。在逻辑将界说的形式结构或形式性质加以研究或精炼以后，界说的标准条件就可以显露。我们凭此标准条件可以知道某一界说是否合格。从形式结构方面来看，无论哪一界说都是一样的。这可以形式地表示出来。"吴先生在黑板上端端正正写着：

$$—— =_{Df} ……$$

"黑板上写的，是界说的普遍形式。"老教授一边说一边写着：

这个普遍形式，分析起来，可分三部分：
$$——' =_{Df} ' ……$$

在左边的'——'表示可以填入的名词或符号，是definiendum，即被界定端。在右边的'……'表示可以填入的名词或符号，是 definiens，即界定端。

'$=_{Df}$'表示填入——和……两边的名词或符号在界说上相等。

"请二位留心！"老教授习惯性地提高声音，"我是说两边的文字或符号在界说上相等。'在界说上相等'这个条件很重要。我再举个例子，大家就可以更明了些。

潜水艇$=_{Df}$在水中航行的机动船只

"这个界说表示'潜水艇'在界说上等于'在水中航行的机动船只'。在这里，我们应该留心，界说所介绍的只是两个名词或符号，而不是事物本身。在这个例子中，借界说介绍的，是'潜水艇'这个名词和'在水中航行的机动船只'这个名词。界说所涉及的只是名词与名词之间的关系，或符号与符号之间的关系。我们在这个例子中说，'潜水艇'这个名词与'在水中航行的机动船只'这个名词的意谓相等。我们所界定的是二个名词，而不是潜水艇与水中航行的机动船只之本身，因为二者所指本系一物。一物可有二名，因而二名不必是二物。于是，我们显然可知，所界定者是事物的名词而不是事物本身。这也就是说，'潜水艇'与'在水中航行的机动船只'这二个名词所指是一实物——潜在水中之艇，我们对它说了二个名词，它还是一个东西。可见我们界定的是名词，而不是潜水艇这实物。我们可以建造一艘潜水艇，也可以击沉它，但不能'界定'其本身……"

"您在以上所说的是界说的普遍逻辑形式，除此以外，关于界说还有其他可以告诉我们的没有？"周文璞问。

"哦！可谈的可多得很哩！详细讨论起来简直可以著一本书。例如，牛津大学的罗宾森（R.Robinson）即以'Definition'为题写了一本书，足足有二百零七页之多。我们不谈界说的历史，仅仅就事实而论，界说就有十九种之多。不过，这许多不同的界说多系在学术之特定的范围里因应特定的需要而定立的。我们在此没有一一加以讨论之必要。……其实，在基本上，界说可分三种……"

"哪三种呢？"周文璞又问。

"第一种，是语法界说（syntactical definition），通常叫作名目界说（nominal definition）。这种界说定立之目的，纯粹在介绍新名词，尤其是新记号，而不涉及意义。例如，"他拿起粉笔来画着：

$$n! =_{Df} 1 \times 2 \times 3 \cdots\cdots (n-1) \times n$$

"第二种是语意界说（semantical definition）。在这种界说中，界定端陈示被界定端的意义。例如，'逻辑是必然有效的推论之科学'。

"第三种，是通常所谓实质界说（real definition）。在实质界说中，界定端陈示被界定端所表示的'实质'。例如，'怯懦是借行较小的恶以避免较大的可怖事物'。"

"但是，严格说来，"老教授眉头闪动，眼中露出一股严肃的光芒，"所谓'实质'为何，其意义就很不易确定。因此，界定端的意义常不易确定。界定端的意义既常不易确定，于是，整个'实质界说'的意义也就常不易确定。在科学上，以及至少在人的通常语言中，实质界说常不能达到界说的实际作用。因而，科学领域及日常生活中很少用到这种界说。似乎，只有哲学上的'本质论者'

（essentialists）对之发生兴趣。这种兴趣既然主要是某派哲学上的兴趣，对于我们现在的目标不相干，所以我们没有讨论它之必要。于是，所剩下来的，只有第一与第二两种界说。第一种界说，在数学中或纯形式的演算中常常用到。但是，数学与纯形式的演算二者俱非我们现在研究的主题。我们现在所要着重的，是剩下来的第二种界说。

"第二种界说是语意界说。我们在语言中最常接触的是语意界说。在此，我们首先须弄清楚的是定立语意界说的几种主要理由：

"第一，我们之所以定立语意界说，最显而易见的理由，是移除歧义。歧义既然移除了，当然可以移除因此歧义所引起的种种混乱语言及思想。在我们与别人进行讨论时，如果我们从别人的反应中察出他对我们所说的字义有所误解，我们就须立即停止下来向他解释，我们所说的某名字的意义，不是他借此字而联想起来的那个意义，而是什么什么意义。这种办法就是在下界说。我们把界说下好以后，再往前进，讨论也许比较顺利。如果不此之图，我们不顾对方是否真正弄清我们的意义，只顾自己像开留声机一样往前开下去，那么这样的讨论很少有好结果。这……这有点像女孩子织毛绳衣，如果绳头纠结起来，她应该马上解开，再织。如其不然，她心粗，或怕麻烦，只顾自己织下去。你想，她的毛绳衣会织成什么样儿？

"有一次，我听到两个人辩论。这个辩论系因讨论钞票问题而引起的。他们辩论的主要进行方式是这样的：

某甲："我讨厌钞票，很脏。"
某乙："哪里！新印的钞票不脏。"

某甲:"虽然是新印的,其脏与旧的何异?"
某乙:"新的和旧的一样脏,这怎么说得通呢?"

"这两个人就这样辩论下去。我们看,这样的辩论怎会有结果呢?只要稍肯用用头脑,我们立刻会发现,两人意见之所以相左,在语言方面,至少是由于用字不同所引起的。两人虽然同是用的一个'脏'字,但甲之所谓'脏'与乙之所谓'脏',意义各不相同:甲之所谓'脏'意指'金钱万恶'这一类的价值判断,乙之所谓'脏'意指'衣服污秽'这一类的事实判断。既然如此,所以尽管两人都用同一字,其实是各说各的,没有碰头。这样的辩论毫无意思。如果甲乙二人之中,有一稍有思想训练,立即察觉二人之所以话不投机,系因同用一字而意义不同之故。他们立刻停止下来,整理语言工具,各人把所用'脏'字之意义弄清楚,那么,这场辩论就不致弄得如此之糟了。……"老教授抽口烟,沉吟着,"……我在这里所举的例子,只是最简单的情形,碰到复杂的情形,例如哲学的讨论,结果一定更严重。所以我们更需要语意界说来帮忙。

"第二,调节意义范围。在我们用名词时,如果原有用法或意义太狭或太宽,我们必得借语意界说来重新调节一下,在学术范围中常须如此。例如,'哲学'一词,用久了,以致太宽泛,很需要把它的意义弄窄一点。窄一点,就严格些。又例如,'民主'一词,许多人认为只指一种政治制度。这种意义似乎太狭,我们可以把它加宽:意指一种态度,或一种生活方式。常识中的'能力'和'热'这些字眼富于意象和情感,不合科学之用。物理学家用之之时,必须重新加以界定。如未重新界定,则物理学的'能力'概念根本不能显出。在心理学的研究中,'智能''羞恶''本能'诸字眼尤须重新界定，方合科学之中。其他这类对字眼松紧的例子很多，只要我们留心便不难碰到。

"第三，增进新意义。新事物出现而有新名词时，我们也得借语意界说来规定该名词之新意义。或者说，当原有名词不足以表达一新经验时，我们便须新立一语意界说。例如，'熵'，物理学家就替它下了界说。'航空母舰是作为航空基地的舰只'这个界说在第一次世界大战以前是没有的。

"第四，保证推理之一致。科学不仅需要一致采用的名词，而且需要从此名词出发所作之推理为大家公认。只有从没有歧义的和精确的名词出发，我们才可作无误的推理。许多思想上的错误，系由推理错误所致。而推理之错误，在起点上，一部分系名词的意义不一致。

"第五，简缩语言。简缩语言可收语言经济之效。这主要系语法界说的任务。不过，从语意着想，简缩了语言后不仅可收语言经济之效，而且可以使人易于把握一个中心意义，因而增加了解。在十几年前，假若我们文气满口地对一般老百姓说：'我们此时正在对日本军国主义者之侵略从事抵抗战争。'他们一定很难把握住一个中心意义。如果我们简单地说：'我们现在正在抗战。'他们便可立刻明了是怎么回事。这里隐含着一个界说：我们是拿'抗战'二字来界定'对日本军国主义者之侵略从事抵抗战争'这一长串。……定立语意界说的理由，主要有刚才所说的五条。"老教授把身子靠在椅背上。

"吴先生！界说有方法吗？"王蕴理问。

"严格地说，定立语意界说之普遍的程序是没有的。不过，在事实上，逻辑家或科学家常常从许多门道来定立。为了给大家一个引导起见，我们可以将那些门道清理出几条来。

"第一，拿同义词来界定。在传统逻辑教科书中有一条规律，规定界定端中不能包含与被界定端同义的名词。有一位做老文章的人摇摇笔杆写道：'夫军阀者，军中之阀也。'这样的界说显然没有达到目的。不过，此条传统规律之所指，并不能排斥同义词之可作界定端。至少，基于一种需要而言，我们可以拿同义名词来界定任何名词。例如，假若有人不懂何谓'闭户'，我们可以告诉他即'关门'。同样，'犬'即'狗'，'豕'即'猪'。我们拿大家已经熟悉的同义词来界定有人尚未熟悉的名词，使他因这一同义词比较接近自己的经验而能了解尚未熟悉的名词。这样一来，语意界说的目标便算达到。

"第二，解析法。我们可借解析方法来厘清名词之意义。有时，我们了解一个成语，但并不了解某一名词。于是，我们可借此成语来界定它。例如，如有人不解'哲学'一词的意义，传统哲学家会告诉他：'哲学者，爱智之学也。'亚里士多德借着种（genus）、属（species）、别（differentia）来行界定。这种方法，当用于名词而不用于事物时，也是解析方法。例如，'人是能用工具的动物'。……当然，解析方法只能用来界定普遍名词或抽象名词，而不能用来界定特殊名词。如'罗密欧''朱丽叶''嫦娥'，都是不能用这种方法界定的。

"第三，综合法。我们借此法把所要界定的名词置于一个关系系统中的某一地位，与其他名词综合起来以界定之。例如，我们说'红'即'正常的人，当其眼受波长7000—6500Å刺激时所生之颜色'，便是这种界说。综合方法乃指出所要界定的名词与某些已知名词有何关系的一种界说方法。在几何学中，我们把'圆'界定作

'一条封闭曲线上任何点与其内一定点之距离相等之图形'。这种界说方法即综合方法。

"第四，指明法。一般说来，名词有外范与内涵。外范即此名词可应用之范围或所涉之分子。如有人对某名词不了解时，我们可将此名词所应用之范围中的分子展示，那么他就可以了解。如有人不了解何谓'鸟'，吾人可以说，'鸟'是鹅、鸡、鸦、鸭……；如有人不了解'洋'，我们可以告诉他：'洋'者，太平洋、大西洋、印度洋、南冰洋、北冰洋。

"现在，我们已经把语意界说的几种程序说过了。当然，我们还得会用。会用才能精。"老教授深深抽了一口烟。

"吴先生，界说有什么必须遵行的规律没有？"王蕴理问。

"传统逻辑中是有的。新式的逻辑书中反而不大谈到。"

"为什么呢？"王蕴理又问。

"我想……"老教授慢吞吞地说，"有两个理由：最显而易见的理由是，那些规律时至今日经不起批评的解析，已经不大站得住了。其次，最实在的理由……照我看……界说之见诸形式，固然是有普遍的结构，可是，界说之创建，与其说是一科学，不如说是颇有艺术成分。既有艺术成分，就不大容易定些规律来限制它。传统逻辑中的界说规律之有逐渐被淘汰的趋势，我看……这是一个最大的理由。传统逻辑中界说规律的对象是所谓'实质'界说和种属界说。而近年以来，特别自数学中种种界说发展以来，界说的种类远远出乎'实质'界说和种属界说的范围。因此，旧日的规律自然不适用于它们了。"

"那么，界说是不是可以随便定立，不依任何限制而行呢？"王蕴理又问。

"这也不然。定立界说虽然没有严格的规律可资遵守，但是，逻辑家和科学家在实际定立界说的工作中经验到怎样定立的界说才有用、怎样定立的界说便不合用。日子久了，经验多了，在大体上，他们可以摸出一些避免失败的门路。依据他们的经验，严格的界说规律固不可得，但是依据他们的经验而给我们以种种规戒，总是办得到的。"

"哪些规戒呢？"周文璞问。

"1. 在不必要时，不要定立界说。这也就是说，在不必要时，或未感到不便时，不要改变大家已经接受的界说。我们必须知道，新的界说系不得已而用之。界说用之过多，破坏约定俗成，使用者脑力负担过多，因而引起不便——不易交通意念。

"2. 除非我们有充分的理由证明原有的名词太繁重，否则不用界说。每一事物都可用语句来表达，但是，我们必须知道，并非每个事物都已有名称。因而，只要原有语句够用，不必另造新名。

"3. 如果无一名以名人所需名之事物，则立界说以名之。可是，在定立界说之前，最好弄清楚所要定立的界说是否在某一专门学问范围以内。如是，最好请教该门专家，切勿自作聪明。尝见有弄玄学的人撇开已有的物理知识，自定义物理学名词的界说。这样，恐怕难免贻笑大方。

"4. 不可以一名而界定两次。这一条容易说而不容易完全做到。有时，有学问的人亦不免于此病。例如，正如罗宾森所指出的，科恩（Cohen）和内格尔（Nagel）把逻辑上的'独立'界定成两个意义：（1）设有二个命辞，任一不涵蕴另一之真，则二者独立；（2）设有二个命辞，如任一之真或假不涵蕴另一之真或假，则此二个命辞独立。第一个独立的意义是在讨论公设时用的，第二个'独立'是讨论任何一对命辞的涵蕴之各种不同的可能情形时用的。在专门知识的范围里，这类情形不少，所以尤其要当心。

"5. 不可把界说当作一项回避。有时，我们碰到难解的抽象名词，并不确知其义便随便用了。或者，我们对于某问题，讲到半途，有人发现我们所讲的不通，于是我们从所用的名词上找出路，歪曲原来所取的意义。如果这种办法系出于有意，西方人叫作不够 sincere，不真诚。这是很严重的事。西方学人对于学术上的 sincerity，即真诚性，非常重视。

"6. 界定端必须与被界定端切合。这也就是说，界定端的范围必须与被界定端的范围大小相等。希腊古代柏拉图派的学者将'人'界定为'没有羽毛的两足动物'。相传阿基思顽皮得很，捉了一只初孵出来还没有长羽毛的小鸡，问这是不是人。显然得很，将'人'界定为'没有羽毛的两足动物'，这个界说的毛病就是界定端的范围太宽。可是，如果我们将'人'界定为'识字的动物'，这个界说又失之范围太狭，因为还有许多人不识字，初生下来的婴儿也不识字。在前例'生物学是研究生命现象的科学'中，界定端'研究生命现象的科学'的范围与被界定端'生物学'的范围之大小是相等的。所以，这个界说可用。

"7. 界说在能用肯定语气时，不可用否定语气。假若我们将'男人'界定为'不是女人的人'，这个界说没有达到目的。

"8. 界定端不可用意谓暧昧的表词，而必须用意谓明白的表词。这一条是很显然易见的。我们之所以要定立界说，常常起于名词的意谓不明。一旦名词的意谓不明，我们需要以意谓明白的表词来界定它，使人由未明了而明了。既然如此，界定端必须用明白的表词。如其不然，界定端的意谓何在，都不明白，那么便是以其糊涂还其糊涂。这样一来,界说的目的便没有达到。

"9. 界说不可循环。这就是说,被界定端不可出现于界定端。如果出现,界说的目的也未达到。如果我们说:'人者何?曰:人者人也。'说了半天,我们对于人的意谓还是一无了解。这样的界说是无用的。所以,在一般情形之下,被界定端不可出现于界定端。"

"不过,"吴先生加重语气说,"这种限制只是就一般情形而言的。就特殊的目的而言,就不适用了。联回界说(recursive definition)的被界定端就出现于界定端。关于这一点,我们不预备在此讨论。"

第十六次 分类与归类

"我们上一次谈的,是语意界说。接着语意界说,我们所应讨论的,是分类与归类。谈到这里,我们已经接近逻辑的应用之边沿了。

"科学,正如人的一切其他知识一样,是从感觉经验开始的。但是我们的感觉经验如此纷歧、繁复,我们要把纷繁的事物加以处理,必须从事分类和归类。可是,时间越过越久,我们的活动越不受实际需要所限制,而从无关利害的知识活动方面发展。这种发展,与从量地皮之实用术进步到超乎实用的几何一样。这样一来,我们对于事物之分类与归类越来越客观,越来越以事物的特征为标准,而不以人的需要、兴趣为标准。到了这一阶段,分类和归类都应用着逻辑概念和逻辑方法。

"我们现在要先谈分类(classification)。我们将一个类分为次类(sub-class),这种程序叫作分类。分类在我们的日常生活里时时用到。街头卖香烟的摊贩知道将牌子相同的烟摆在一起。图书编目便是分类的实际应用;中国人编家谱也应用分类。生物学家将生物分作界、门、纲、目、科……生物学中的分类学是一个重要的学科。不过这些情形是分类的应用,而不是分类的原理原则。如果只注意分类的应用而不注意分类的原理原则，遇到被分的对象太复杂时，分类就难免陷于混乱或错误。逻辑不研究分类的应用，而只研究分类的原理原则。

"图书馆里的书往往被分作哲学、文学、历史和科学等。而科学之下，又分作数学、物理学、化学等。物理学之下，又分作光学、声学、电学、力学等。这种分类用图解表示出来容易清楚。"吴先生在小黑板上画着：

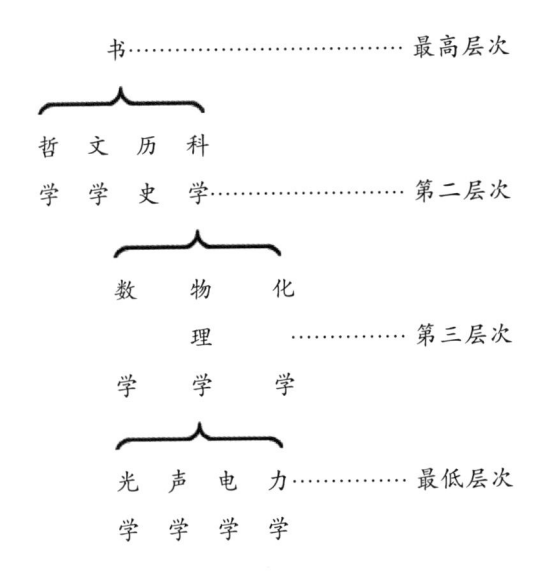

```
            书……………………………最高层次
       ┌─┬─┬─┐
       哲 文 历 科
       学 学 史 学……………………第二层次
             ┌─┬─┐
             数 物 化
                理     ……………………第三层次
             学 学 学
                 ┌─┬─┬─┐
                 光 声 电 力……………最低层次
                 学 学 学 学
```

"在这个图解中，'书'是总类，算最高层次；'哲学''文学''科学'等算第二层次；'科学'之下的数学、物理学等，算第三层次；这样一直下去。显然得很，每一层次是秩序井然、有条不紊的。

"不过我刚才所列举的是一个特例，即分类应用于图书编目之一特例。我们刚才说过，逻辑不研究这类特例，而只研究分类的普遍原理原则。这普遍原理原则是可应用于一切分类特例的原理原则。既然如此，分类的构架（scheme）是抽离（abstract）的。我现在再进一步地将分类的普遍构架用图解表示出来。

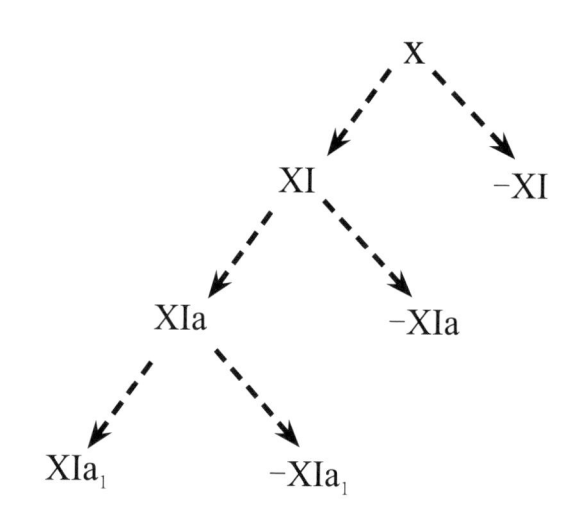

```
              X
           ↙     ↘
          XI      -XI
        ↙    ↘
      XIa    -XIa
    ↙    ↘
  XIa₁   -XIa₁
```

"X 表示最高类，X 之下分作 XI 和 -XI 二类。'-' 意即'非'（non）。-XI 是 XI 之补类（complementary class）。'白鹤'是一类，'非白鹤'是白鹤之补类。XI 类之下又分作 XIa 和 -XIa 二类。这类一直下去，以至于无可再分或不必再分之类。X 自成一层次。此外，每一类及其补类构成一个层次。这种分类是二分法（dichotomy）。二分法曾被当作分类中最基本的程序，其他分类是二分法之复杂化。"

"吴先生，分类有规律可循吗？"王蕴理问。

"有的。从图解中我们可以知道，分类必须分别层次。首先从最高层次开始，其次到第二层次，再次到第三层次，一直下去。我们必须明白，分类之起点与终点都是相对的。在分类时，我们需要从被分对象的哪一层次开始就从哪一层次开始，我们需要止于哪一层次就止于哪一层次。我们所要开始分类的那一层次就是我们分类系统中最高的层次,我们所要停止的那一层次就是我们分类系统中最低的层次。就前例来说,如果我们藏书室中只有科学书而没有别的书,我们分类只需从科学开始,因而我们的分类之最高层次就是科学书。如果我们收藏的科学书分门别类很多,很专门,那么我们分类可以一直分下去,以至穷尽我们所收藏的范围最窄的那一层次。否则,如果我们所收藏的科学书不过是普通的数学、物理学、化学等而已,那么我们分到这里为止就够了。

"虽然分类的起点与终点是不同的,可是,在分类之中,各类的层次必须清楚而不相混。这一原则是绝对必须遵守的。即同一层次的事物,在分类中必须与同一层次的事物并列,否则便是分类紊乱。紊乱的分类是不适用的。假若把书像这样分类的话,

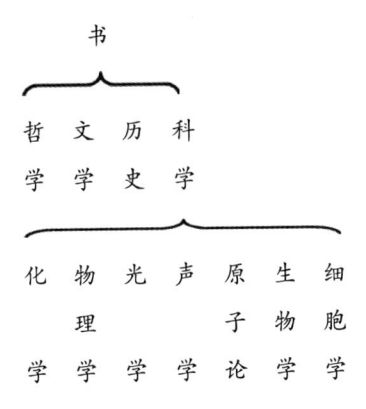

书

哲学　文学　历史　科学

化学　物理学　光学　声学　原子论　生物学　细胞学

"那么这个分类是层次紊乱的。因为,光学、声学等物理学中的部门,应该在物理学底下,而不当与物理学平列地放在同一层次之上。同样,把细胞学与生物学并列也是层次混乱。这样的分类有

时是由于知识不够，有时是由于头脑欠清楚。

"所分之类必须互不相容。如果动物之类不包含植物之类，而且植物之类不包含动物之类，那么我们将生物分作动物与植物。这样的分类所分出之类才是互不相容的。所分之类互不相容，分类之目的才达到。如果不然，分出之类不是互不相容而是相容的，那么后果可能很严重。在医院中，外用药和内服药如果摆混了，说不定会毒死人的。如果我们将'物'分作'生物'与'动物'，结果等于没有分类。因为 X 是生物时，也可能是动物。在刚才所列的图式中，XI 与 -XI 是互不相容的。这是一种标准情形。

"依此，我们可以进一步推知，每次分类必须依照一个原则进行，即必须采取一个单独的分类标准。例如，我们要对人行分类，可依其肤色来分；如果高兴的话，也不妨依其高矮来分。但是，无论如何，每行一次分类，在同一层次之上，只可采取一个标准。如果采取二个以上的标准，那么便形成跨越分类（cross division）。跨越分类为科学研究工作上之大忌。我们对人行分类时，如果既依肤色分类，又同时依高矮分类，那么便分出'长白种人''矮白种人''长黑种人''矮黑种人'等。这真妙不可言！"

"哈哈！"周文璞大笑起来。

"这真弄得很乱。"王蕴理说。

"分类所设的标准之数目必须足以穷尽所分对象。如果不能穷尽，那么便会有遗漏。例如，我们做图书馆编目员，馆里的哲学书有西洋、印度和中国的哲学。如果我只把这些书分作二类，那么第三类一定无法编进。这样，人家要找第三类的书就很不方便。在生物学中，如果发现新种，原有的分类标准不足以涵盖它，于是需要创一新格来涵盖它。这就是为了满足分类必须穷尽之要求。

"为着进一步了解分类在科学上的应用,我们不妨再作说明。假定有十个单独的例子,它们可以选来作比较的性质有五种。兹以大楷 A、B、C、D、E 各别地表示这五种性质,以小楷 a、b、c、d、e 各别地表示没有这五种性质。我们先以 A 作为重要的性质据之以分类,其余的性质是这一分类中所表出的性质:

CI1st	CI2nd
ABCDE	aBCDE
ABcde	aBcde
AbCDE	abcDE
AbcDe	abcDe
AbCDe	abCDe

"我们观察这个图表,可知第一类中有 A,第二类中无 A。在这两类之中,除了第一类有 A、第二类无 A,再没有其他不同之点。这样看来,如果我们认为 A 是重要的性质,拿这个性质作为分类的标准,那么不能表示出其他同时俱存的性质,所以这个分类没有用。

"如果我们再以 C 为重要的性质作为分类标准,那么其余性质可以在这个图表中看出。"老教授又一个字一个字地写着:

CIlst	CI2nd
ABCdE	ABcde
aBCdE	aBcDe
AbCDE	ABcDe
abCDE	abcDe
aBCDE	abcde

"请二位注意，在这个表中，我们可以看出：凡有C的例子都有E，凡无C的例子都无E。C与E是同存的性质，而且都是积极的。除此以外，A、B、D，或有或无，可都是偶然的性质。偶然的性质与分类的进行不相干。所以，第二种分类比第一种有用。例如，如果动物学家以颜色与形体作动物分类的标准，那么难免把鲸与其他的鱼放在一类去分，把蝙蝠与燕都视作鸟类。这样一来，一定笑料百出，因为颜色与形体在决定动物之类别上为全不相干的因素。这样分类势必弄得乱七八糟。可是，如果动物学家以脊椎为重要的因素，分动物为二大类：一为有脊椎类，一为无脊椎类。这么一来，便可表出其他共存的因素。例如，凡有脊椎者皆有齿或喙，凡无脊椎者都没有；凡有脊椎者都有神经总管在背脊上，都有可涨缩的循环机关在腹下，凡无脊椎的动物神经和循环系的组织都不同。至于肉食、素食、步行、游行、飞行、颜色、大小，都不相干。

"……再举一个例子吧！假若我们要选举国会议员。选举时，我们是有意无意在思想中把人作了一个选择。有选择，就有选择标准。这就是在进行一种分类。但是，分类的标准是否高明，却有天壤之别。如果我们以'说话漂亮'为选择标准，那么诚实、公正、无私等国会议员所需具备的性质，不见得会随说话漂亮而有。因为，不诚实、不公正、自私等坏的性质，也可随说话漂亮而来。由此可见，'说话漂亮'并非在人中进行分类以选择国会议员的适当标准。可是，如果我们以'公正'为选择标准，那么，我们所要求于被选者的其他性质，如诚实、无私等，也可以相随而来，而诈欺、自私等恶劣性质不会随'公正'而来。所以，我们拿'公正'作选举国会议员的标准，比拿'说话漂亮'要可靠得多。

"与分类刚好相反的便是归类。我们依事物的性质或其他共同点而把它们集成类,这种程序叫作归类(classification)。

"一般人所作的归类,系依据个人的需要、利害、兴趣,甚至于注意力而定。农人把农作物常常分得颇为详细,例如蔬菜、谷物、水果等,可是,对于花卉则颇为忽视。园艺家对于花卉的归类详细,而对于农作物之类别则不甚注意。这种归类原则虽有实用价值,或有心理价值,却没有科学价值。当我们不依科学的眼光来归类时,常常把不重要的因素当作重要的因素而行归类。结果,这样的归类对于知识毫无帮助。一般人对于动植物归类时,常以其颜色与形体之大小作归类标准。过去以鲸为鱼,中国'鲸'字就表示此意,因为过去以为居在水中者为鱼。实则鲸为哺乳类,与鱼可谓风马牛不相及。过去的人以煤为无机物,因煤自矿中掘得。其实,煤是由植物化石化(fossilize)而成的。有人以为海白头翁(sea-anemone)是一种植物。其实,它是动物。呼吸、燃烧、生锈,一般人以为各是不同的现象,但科学昌明以后,知道这都是由于氧化作用所致,因而都是一类的事物。这凭常识是不可想象的。

"归类是在杂多之中见共同之点。我们认识一个类,就是在许多单独的事例中认识基本相同的因素。归类方法乃科学首先采用的方法。许多科学在一个长久时期停留于一个归类的阶段。植物学、动物学尤其如此。

"假若我们看见一些有共同性质的个体,例如人吧,那么我们可以根据他们所有共有性质把他们组成一个类,叫作人类。我们又发现一些东西,例如马,它们彼此之间相同的程度大于它们与人类之间的共同程度,于是我们把它们又组成一个类,名之曰马类。后来我们一看人类与马类固然不同,可是两者之间的共同点多于两者与树和草之间的共同点。例如,两者都能行动,这是树和草所没有的特点，于是把两者又归为一个较大的类，名之曰动物。同样的，我们知道植物共同具有的其他的特点，例如制造绿色素，直接从土壤和大气中取得食物，等等，而且这些特点是动物所没有的，因此又把它们归为一个较大的类，叫作植物。……一直像这样归类下去，可以归到最大类。《荀子·正名篇》中也有与此相似的意思：'……推而共之，共则有共，至于无共然后止。'

"我现在画一个图解，来表示归类的结构和程序或活动，请各位注意！"老教授又画着：

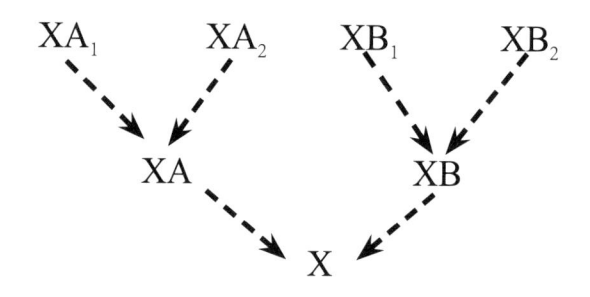

$$
\begin{array}{cccc}
XA_1 & XA_2 & XB_1 & XB_2 \\
\searrow & \swarrow & \searrow & \swarrow \\
XA & & & XB \\
& \searrow & \swarrow & \\
& & X & \\
\end{array}
$$

"XA_1……表示被归类的对象。虚箭头- - - - - -▶表示归类的历程或活动或作用。我们为什么要用虚箭头来表示归类的历程或活动，而不用实箭头————▶来表示呢？因为我们在此所注重的是归类之'动'的方面，而虚箭头所表征的比实箭头所表征的更富于动的意象，所以我们用虚箭头而不用实箭头。

"从这个图解中，我们可以知道归类也是有层次的，不过程序和分类相反。归类的程序从最小的类起始，一层一层地归到最大类，每归一次则类愈大一级。

"至于归类的时候所必须遵守的原则，和分类的时候所必须遵守的原则相似。诸位把后者稍稍变通一下就成了,用不着我赘述。"

"天太晚了,我们下次再来吧。"周文璞提议。

"好吧!"吴先生看看表,"啊!已经十一点了。"

第十七次 诡论

"周文璞,我请问你,你是否相信一切真理是相对的?"吴先生开头便问。

"我相信这个道理。"周文璞说。

"你根据什么理由呢?"吴先生追问。

"因为从古至今,所谓的真理是很多的,往往从前认为是真理的,到后来随着人类的知识进步,发现那并不是真理。道尔顿的原子论中之'同元素同原子量'之说曾被认为是真理,但后来的发现打破了此说。科学中似此的情形是非常多的。人类的知识不断进步,所谓的真理也不断地被修改。可见所谓真理并不是绝对的,并非一成不变的,而是可变的、相对的。"

"还好,你所举的理由还斯文,"老教授笑着说,"你没有说,这一群人以为是真理的,另一群人以为不是真理;一切真理是以情感利害为转移;一切真理是以物质的利害冲突为准绳的,所以一切真理是相对的。……不过,我要问你,你说'一切真理是相对的',在你说这话的时候,你就是肯定(assert)这话是真的,是不是?"

"当然。"

"那么，你就是说……"老教授写着：

"一切真理是相对的"是真的。

"你既然说'一切真理是相对的'是真的，这一句话就不是相对的了。因为，如果'一切真理是相对的'这话也是相对的，那么你所说的'一切真理是相对的'便是一句假话。在这样一句假话中，你不能表示'一切真理是相对的'这一真话。为了表示'一切真理是相对的'这一真话，你必须说'一切真理是相对的'这话是真的。可是，当你说'一切真理是相对的'是真的时，'一切真理是相对的'这话就不能是相对的。'一切真理是相对的'这话既不是相对的，那么'一切真理是相对的'岂不是一句假话吗？是不是？"

周文璞给这意外的一问，不知所措。

王蕴理也给困惑住了。

"由上面所说的看来，"老教授笑道，"如果我们说'一切真理是相对的'，如果我们相信这话真的话，那么这话的本身是一真理。在我们肯定这一真理时，我们相信它不是相对的，而是确定可信的。所以，由肯定'一切真理是相对的'是真的，会得到一个否定的结论。即'一切真理是相对的'是假的。我们以 P 代表上句则为：

如果 P，那么 -P。

"这个表式说：如果 P 真，则 -P 即非 P 也真。这种推论显然是无效的。"

"这个说法真有点古怪。"王蕴理说。

"你觉得古怪吗?"吴先生说,"类似的古怪说法多着哩,我再举一个吧!绝对的怀疑论者以为,世界上的一切道理都是可以怀疑的。绝对的怀疑者这样想的时候,他要表示怀疑,他就要肯定说'一切道理都是可以怀疑的'。在他肯定地说'一切道理都是可以怀疑的'之时,他就是对于'一切道理都是可以怀疑的'这个道理不怀疑了。所以,如果他说'一切道理都是可以怀疑的'为真,那么就是说'一切道理都是可以怀疑的'为假。

"有些人常常发牢骚,说:'哎!这个世界没有真理。'他说这个话的时候,就是表示'世界没有真理'这句话是真的。如果这句话是真的,那么'世界没有真理'之说便假,因为他所说的'世界没有真理'这句话应该是真的。"

"这真是些奇诡之论!"周文璞惊异得很。

"不过,以上所举的情形都只是从真推出假。"吴先生深深吸一口烟,接着说,"这些情形似乎都有点诡异(paradoxical),但是严格地说,都不是真正的paradox,这个字我们暂且译作'诡论'。真正的诡论必须满足两个条件:(1)由真推出假;(2)由假推出真。我再举一种情形。

"假若我说:'我是在说谎。'所谓'说谎'当然是'说假话'。如果'我是在说谎'是真的,那么我的确是在说谎。如果我的确是在说谎,那么我是在说假话。所以,如果'我是在说谎'是真的,那么这话便是假的。可是,如果'我是在说谎'是假的,那么说这话是假的,这话就是真的,因为假假得真。所以,如果'我是在说谎'是假的,那么'我是在说谎'是真的。在这种情形中,由真得假,由假得真。所以,这是一个真正的诡论。在诡论中,"老教授写道:

P 等于 ~P

"这种推论显然自相矛盾。自相矛盾的推论正是逻辑所须免除的。"

"为什么会发生这样的诡论？"王蕴理陷于困惑之中。

"这种诡论之所以发生，原因之一乃是由于语言之自我指涉（self-reference）所致。所谓语言之自我指涉，就是语言指谓它自己。如果我们说：

English is English

"这是用英文来指谓英文，说英文是英文的。我们必须知道，许多形容词指谓它自己时不出毛病，上面举的一个就是；可是，另外有许多形容词一用来指谓它自己，便出毛病。具有它自己所谓的性质之形容词，如用来指谓它自己，便不出毛病；未具有它自己所指谓的性质之形容词，如用来指谓它自己，便出毛病。指谓它自己便出毛病的形容词，我们叫作 heterological；指谓它自己时不出毛病的形容词，我们叫作 homological。如果一个形容词所指谓的性质不能为该词字所具有，那么这一形容词必为 heterological。

Polysyllabic is polysyllabic

"这话说多音节是多音节的。多音节的字诚然是多音节的，用后一个字来指谓前一个相同的字，没有发生矛盾，所以这种字是 homological 的。可是，另外的情形则不然，例如：

Monosyllabic is monosyllabic

"这话说，单音节的字是单音节的。显然得很，英文字 monosyllabic 不是单音节的，它有好几个音节，所以，这类的字是 heterological。

"英文'短'字 short 有五个字母，而'长'字 long 只有四个字母。在这种情形之下，假若我们说：

Long is not long

"说'长是不长的'，一听就有矛盾。为什么有这种毛病呢？毛病就出在语言之自我指涉之上。头一个 long 字是一谓词，第二个 long 字也是一谓词，第二个 long 是用来形容头一个 long 字的。说 Long is not long，第一个 long 字是普通的用法，即形容事物的；而第二个 long 字不是普通的用法，不是用来形容事物的，而是用来指谓（mention）头一个 long 字的。两个 long 字的记号设计相同，可是二者不在同一层次之上，用法也不相同，所以发生矛盾。关于 Monosyllabic is monosyllabic 的毛病正复相同。'我是在说谎'亦然。（1）'我是在说谎'是一个语句，（2）'说"我是在说谎"'是另一个语句。（1）与（2）不在同一层次之上。（2）高于（1）。如果用同一层次的语言表式来肯定（1）真时就肯定（2）真，便叫作不合法的全指（illegitimate totality）。用来表达层次 i 的语言形式如用来表达高一层次的语言，便是不合法的全指。"

"这个道理我还没有完全明了。"周文璞急忙问。

"要了解这个道理，我们最好先分别（1）语言的使用（use of

the language）与（2）语言的涉谓（mention of the language）。我现在写这几句话，"老教授又在黑板上写：

（1）北平是一个城
（2）北平有十笔

"第一句话显然是说'北平'这个名称之所指，乃一个实实在在的城，这个城离天津不远，为中国文化古都。这是语言文字之普通的用法（use）。可是，第二句话则不然。如果照语言文字之普通的用法，我们说北平有十笔，这显然是不通的。北平是一个城，这个城有一百五十万住民，有故宫，有天坛，有……但无所谓有'十笔'。第二句话说'北平有十笔'，显然是指'北平'这个名字的本身而言。第二句话是涉谓（mention）语言文字之本身的，而毫不关乎语言文字所指之对象为何。所以，第二句话所说的是意指（designation），第一句话说的是所指（designatum），或被指谓的东西（what is designated）。这二者的区别判若云泥。这二者的区别如被混淆，就产生上述的结果。前例，'我是在说谎'所指的是我在说谎这个动作。我在说谎这个动作的层次是零。表达我在说谎这个动作的语句，即'我在说谎'的层次是第一层次。而说'我在说谎'这个语句的层次是第二层次。但是，在上述的例子之中，这些层次在语言上全未分别清楚，而将'我在说谎'与'说"我在说谎"'二者混为一谈，以致产生不合法的全指。于是乎，诡论就出现了。……各位明了其中毛病没有？"

"明了了！"

"明了了，那么我们再来谈一个诡论吧！"吴先生接着说，"假设有一个类,这个类包含三个分子:项羽、刘邦,以及这个类自己。这个类与仅仅包含项羽和刘邦两个分子的类是不同的。显然得很,包含以它自己为一分子的类,只能借自我指涉(self-referent)的界说来界定。我们现在假定自我指涉的界说乃一许可的界定方法。我们现在认为宇宙间的一切类可界定。我们把宇宙间的一切类分作二类:(1)包含它自己的类;(2)不包含自己的类。这种分类是穷尽的分类。它既然是穷尽的分类,于是,每一个类如不包含在(1)即包含在它自己的类之中,便是包含在(2)即不包含自己的类中。然而,这一个类,(1)和(2)又是一类。既然(1)类包含那以自己为分子的一切类,(2)类包含那不以自己为分子的一切类,这样,便有问题发生:这种分类既是穷尽的,那么也应该适用于(1)和(2)本身。可是,(2)究竟应归于(1)和(2)两类中之何类呢?

"我们假定(2)是(1)的一分子。(1)类既然只包含以其自己为分子的那些类,于是(2)必须也以它自己为其一分子。而(2)的一切分子是不以其自己为分子之类,于是,(2)不以自己为其一分子。既然(2)不以自己为其一分子,于是(2)不属于(1),因(1)类乃只包含以其自己为分子的那些类。

"(2)既不属于(1),那么我们假定(2)乃(2)的一分子。如果(2)是(2)的一分子,那么(2)乃以其自己为一分子之类。如果(2)乃以其自己为一分子之类,那么(2)应归于(1)类。如果(2)乃属于(1),便不属于(2)。

"结果,如果(2)是(1)的一分子,那么(2)是(2)的一分子。如果(2)是(2)的一分子,那么(2)是(1)的一分子。而我们所作(1)和(2)的分类是穷尽的,于是(2)是(1)的一分子,等于(2)不是(2)的一分子。这是一个诡论,这个诡论乃

—vicious circle。

"二位还记得吧！我们在讨论关系的时候，曾说类的分子关系是不自反的。如其不然，便产生诡论。刚才所说的诡论，正是以'类的分子关系'为自反关系产生的。以'类的分子关系'为自反关系，则一个类可以其自己为其一分子。如果一个类以其自己为其一分子，那么便产生上述的自相矛盾的奇怪结果。

"无论在任何情形之下，为了免除自相矛盾，我们必须限制所谓全体（totality）之构造。我们在用'一切'时，必须特别小心。我们只能说同一类型的一切事物，或说某一层次的语言之一切表式。我们不能无限制地说'一切语言'。我们用来说一切语言的语言，一定是比所说及的最高层次的语言还要高一层次。"

王蕴理和周文璞听吴先生说完，仿佛进入一个新的语言境界，颇感兴味。王蕴理思索了一会儿，又问道："吴先生还可以讲点给我们听吗？"

"当然可以的……不过，认真说来，那还得有些预备知识和符号工具。"

"好，我们希望以后有机会再把诡论研究一下。"王蕴理说着起身告辞。

第十八次 科学方法

"在我们所居住的这个地球上,人类用种种方法来了解这个宇宙。"老教授沉思着,"有些人把这个宇宙看成一个有情的东西,有的把它看成一个有目的之体系,有的把它看成一个意志之实现……这些看法虽然不是毫无所据,却不足以接近这个宇宙的真相。比较能够接近这个宇宙之真相的看法,是科学。当然,比起那些看法来,科学的看法在'年资'上浅短得多。科学的宇宙观之逐渐成立,严格说来,是近三四百年的事。科学的宇宙观是科学方法的产物。我们善用科学方法,便能比较正确地了解这个宇宙之间的事事物物。……"

"您可不可以把科学方法对我们讲讲呢?"周文璞问。

"你的胃口真大,听了这么多次的逻辑,还想听科学方法。……也好……不过这就出乎逻辑的本格了。充其量来,科学方法只是逻辑的应用。可是,科学方法既然很有用,谈谈也是很有益的。谈起科学方法来,真是浩繁。每一种科学有其特别的方法,从何谈起?我们现在即使要谈,也只能谈每一种经验科学的方法所共同的地方。可是,即使如此,还是谈不完。仅仅讨论科学方法的专书就不少。

我们现在只好简而又简地撮其大要的线索说说。各位循着这个线索，就好作更进一步的研究了。

"物理学、地质学、生物学、经济学等，我们叫作经验科学（empirical science）。经验科学大部分依赖观察、试验和推广来建立。经验科学的许多结论并非严格地从前提推演出来的，而多半是些理论。从这些理论，我们又可以抽绎出一些推广（generalizations）。有许多理论，充其量来，只是高度盖然的，而不是必然的。就构成这些理论的语句来观察，这些理论不能是必然的。既然如此，从这些理论所抽绎出的推广，也就不能是必然的。请各位注意呀！"老教授提高嗓音道，"这就是经验科学与演绎科学不同之处。"

"科学理论或推广通常叫作假设（hypothesis）。假设无非也是一个语句，我们借着这个语句可以检验是否有事实与它所描写的相合。这种语句，依当前的证据而言，只有从大于0到小于1之间的盖然程度（probability degree）。

"科学家从一个假设可以推出好几种结论。在这几种结论中，有的颇为新奇。新奇的结论在科学家看来颇属重要，为了检证假设之真妄，他们求助于直接的观察和试验。

"在早前的时候，许多部门的科学之工作是记述某些范围以内的现象，并且从事安排归类而已，这些工作只是研究科学的初步工作。关于这一点，我们在前面已经提到过了。不过，我们要能看出，归类之中包含着抽象作用。抽象作用一经使用，我们便可作种种推广。例如，'水到摄氏零度便结冰''凡物体失去支持时便会下降'等都是。其实，牛顿定律也是这一类的推广，不过更精确和普遍而已。我们可以说推广是经验科学的中心。只有以推广为依据，我们才能解释自然现象，并且对自然现象之变化作种种预言。

"设有两种现象 A 和 B。如果 A 出现则 B 也出现，而且，如果 B 出现则 A 也出现。于是，我们可以作一个推广，说 A 与 B 共变（concomitant variation）。从这个推广，我们又可以演绎，A 之一例如出现时即有 B 之一例随之而起，反之亦然。如果水被加热至摄氏一百度的话，则在海平面会沸腾。这便是一种推演。

"在了解现象时，我们常用到一项观念，就是因果观念。在我们日常言谈之间，有意或无意免不了对许多事象作一种解释。我们常常说，某一事件 B 系由 A 因所产生。如果有人问我们'为什么……呢？'，我们就说'因为……'。我们看见街头围着一大堆人，出了事件，便常常禁不住要问：'为什么原因出了这件事呢？'这就是在用因果观念。当然，'因果观念'在世界各地并不一样。有的地方把因果观念赋予轮回观念中。某人生来像一只猪，有人就解释说，这是'因为'他前世是一只猪，所以，今世变成人还有点像猪。又有的人把因果观念赋予道德果报的观念中。有人发了一笔财，许多人就说这是'因为'他行善事所致。有人被雷打死了，许多人就说这是'因为'他对父母不孝的'报应'。这类的因果观念也可以看作联系宇宙事象的方式。这类方式是否充满了原始要素，我们不在这里讨论。我们现在所要讨论的是，西方世界的因果观念是了解事物之事理的因果观念。这种因果观念，几乎是在一般有科学兴趣的人中最具支配作用的观念。依照这种因果观念来解释，某人为什么被雷打死，并不是'因为'他前世作恶，也不是'因为'他今生不行孝，而是因为他在雷雨中立乎导电体之下。……有许多弄科学的人抱持一项设臆'每个事件有一个原因'，他们认为这一设臆是经验科学研究中的基本设臆。不过，有些科学家和科学的哲学家，日渐不喜把因果观念当作科学研究中基本重要的观念。自量子物理学出世以后，这种趋势尤为明显。英国哲学家休谟（Hume）对因果观念曾提出严格的批评，他的这种思想给予后世很大的影响。近来的趋势是，拿函数观念代替因果观念。虽然如此，在我们日常生活中，因果观念是不可少的，否则，势必引起极大的不便。在科学的研究中，因果观念虽然日渐为函数观念所替代，可是，至少在初步的研究中，因果观念仍然是很有用的。'他因溜冰，所以把腿折断了'，'面包之所以烤焦了，因为炉火太旺'，'因为实行暴政，所以叛乱发生'……在这些话中，都含有因果观念。如果我们完全取消因果观念，那么像这一类的话便都不能说。我们时常想探究个别情形或事件的原因。例如，法国革命、一九三〇年美国之不景气、泰坦尼克号之沉没、法鲁克之失去政权、苏珊·海沃德之受人欢迎，等等。有人好追究人是什么原因要死，我们可以说，因为'年岁老了'，或者因为'动脉硬化'。医学发达到什么地步，我们对于这问题的答案就可以精细到什么地步。……从这些事例可见，因果观念是我们借以解释现象所常用的思想方式。正因如此，有几点我们必须弄清楚的。"吴先生搔搔头发，想了一想，继续说道：

"第一，科学的基本兴趣是求因果律，而不是一个一个的特殊因果事件。即使科学家在着手研究时，所研究的对象是特殊的因果事件，而科学家的目标仍在把所研究的推广及于一类的事件，及其所可能表征的普遍法则。

"第二，虽然A类事件普遍地与B类事件关联着，而且A的每一例子发生，则B的每一例子也发生，可是这是单程方向的联系。所谓'单程'，我在这里是借用交通规则上的名词。有些街道只准车辆来，有些街道只准车辆往，而不准车辆对着开驶，这叫作'单行道'。同样，如果只是由A到B，而未由B到A，我们叫作'单程方向的联系'。单程方向的联系不足以支持我们确定地说，A与B之间有因果关联。如果可以的话，那么我们就可以说白天是黑夜的原因，黑夜是白天的结果。因为，黑夜老是跟着白天之后来临，而且从来没有例外。但是，对于常年过惯夜生活的人而言，未尝不可倒过来说黑夜是白天的原因，白天是黑夜的结果。因为，当他过完漫漫长夜的生活以后，东方才渐渐微白，而且也是从来没有例外的。同样，如果我们以为A与B之有规律的前后相承便是有因果关系的话，我们也可说日落乃晚霞之因，也可以说早霞是日出之因。诚然，A与B如有规律的相联，我们可以假定A与B有因果关系，但是，我们不能说二者前后相联必有因果关系。我们尤其不可肯定二者有因果关系。'假定'与'肯定'之间的距离是很大的。

"第三，因果律只是科学推广之一种而已。因果关系只能使我们说，在时间过程中，A与B相承，但是，我们不能说这种相承的情形可以复返。依据因果论，我们只能从A推B，不能从B推A。可是，对于科学上的许多推广而言，时间顺序根本无关紧要。依波义耳定律（Boyle's Law），压力乘容积等于常数乘绝对温度。换句话说，在一定温度之下，一定容积的气体以及压力之积保持不变。在这定律中，三个变量P、V或T之任一变量的变动可以引起其余变量之中至少一个之变动。因而，哪一个变量在先根本无关紧要。民间流传一个问题：究竟是鸡生蛋，还是蛋生鸡？这个问题虽然有趣，可是，从因果观点来看，却是一个傻问题。因为，如果我们说'鸡生蛋'，那么还有生那'生蛋的鸡'的蛋；如果我们说'蛋生鸡'，那么还有生那'生鸡的蛋'之鸡。"

"这里面还含有语意学的问题。"王蕴理说。

"对了！"老教授面露喜色，"……不过，这个问题，我们只好留待别的机会去讨论。在许多情形之下，因果关系不是直接的，例如，巴西咖啡歉收，美国咖啡便涨价。人口繁殖与战乱有因果关系。因为，人口繁殖则食物不足，食物不足则引起争夺，争夺发生则战乱随之。所以，人口繁殖，则战乱随之。在这类情形之下，因果连锁虽然并不是直接的，但是我们仍可借着确定的知识把许多迹象联系起来，而织成一个因果连锁（causal nexus）。可是，做这件事时，我们得特别当心。

"求因果关系的方法中，穆勒方法是近若干年来弄科学方法论者所不可忽略的。穆勒（J.S.Mill）是英国哲学家兼逻辑家，他的重要著作有《逻辑体系》（A System of Logic）。在穆勒以前，有培根（F.Bacon）、赫歇尔（J.Herschel）等人讲科学方法。穆勒把这些人的科学方法加以扩充和说明。在他的方法之中，最著名的有穆勒五则（Mill's Five Canons）。我们现在要简单地介绍一下，各位有兴趣吗？"

"有兴趣。"周文璞说。

"我们想多知道一点。"王蕴理说。

"好！第一种方法叫作合同法（The Method of Agreement）。如果我们所研究的现象有两个或两个以上的例子，这些例子只有一种情境是共同的，则此一切例子所同有的情境，不是我们所研究的现象的原因，便是它的结果。例如，金属生锈、动物呼吸、木材燃烧，这些事件彼此之间除了氧化，没有其他共同之点。于是，我们可以说，氧化为这些现象之共有的原因。

"第二，别异法（The Method of Difference）。如果我们所研究的现象在一事例中出现，在另一事例中不出现，而且此二事例除了一个情境，其余一切情境皆无不同之处，那么，此二事例唯一不同的那个情境，不是我们所研究的现象之因，便是其果，或与之有因果关系。在做音学实验时，在一玻璃罩内，如果放一个闹钟，我们可以听到闹钟的声音；但是，当我们把罩内空气抽去时，钟声就听不到。于是，我们就可以判断，空气与音响之传播有因果关系。

"这种方法显然是很有用的。不过，也有它的限制。碰到不能付诸实验的情况，它便英雄无用武之地了。我们常常听到有人说，希特勒这个人之所以能够在德国攫取权力，是因为《凡尔赛条约》太苛刻之故。这种说法，严格地说，是一种'想当然耳'的假设。因为，我们不能用人为的方法制造一种与第一次世界大战结束以后极其类似的情境——除了一点，就是和约对德国宽大些。在社会现象中，常常有这样的情形。因此，我们对于有关社会现象的某些包含因果联系的说法，尤其是遥远而间接的因果联系说，要格外小心。

"第三，同异联用法（The Joint Method of Agreement and Difference）。如果我们研究的现象出现于两个或两个以上的事例之中，而这两个或两个以上的事例只有一个情境相同。可是另有两个或两个以上的事例，其中并没有我们所研究的现象出现，而这些事例除了都没有该情境，再没有其他共同之点，那么，这两组事例唯一不同的情境，不是我们所研究的现象之因，便是其果，或为其果之不可少的部分。

"自从达尔文发表'动物用颜色保护其安全'的学理以后，华莱士（Wallace）就应用这个理论去解释北冰洋动物的颜色。北冰洋有终年积雪的地带。在这种地带，有终年颜色皆白的动物，例如北极熊、美洲的北极兔、雪鸮，以及格陵兰鹫。北冰洋又有夏季无雪而冬季有雪的地带。这种地带，有冬季变白、夏季变其他颜色的动物，例如北冰狐、北冰狸、北冰兔等。依照达尔文的学理，这些颜色之变换是保护安全的因素。肉食动物借其颜色之与环境混同，易于攫食；被食的动物借其保护色，易于避祸。可是，也有人说北极动物的颜色之所以白，是因雪的白色发生化学反应，或因白色可以减少辐射的失热，以便保持体温。这种说法似乎也言之成理。然而，华莱士又发现在终年积雪的地方，有颜色反而不白的动物。例如，冰貂终年色褐，貂羊也是终年色褐，而乌鸦的颜色则是黑的。华莱士细心考察，发现冰貂生活在树上，它的颜色恰和树皮的颜色相同。貂羊的生命安全，则靠在雪地中迅速认出同伴而归群，所以它需要与自然环境不同而易于辨识的颜色。乌鸦系以死肉做食料。它有翅能飞，不需避祸，所以不必随自然环境而变色。这样看来，正面的一组实例表明，随环境而变色的动物是利用身体之变色与自然环境相同以保护自己；反面的一组实例表明，不随环境而变色的动物，则利用颜色与自然环境之不同以保护自己。可见化学反应说不能成立，而达尔文的保护说成立。

"第四，剩余法（The Method of Residues）。我们从所研究的现象减去从前借着归纳法而知其为某些前提的部分，则此现象所剩余的部分乃其余前项之结果。社会上常存有无谓的礼俗。例如，祭神和其他许多风俗。这并非生活之所绝对必需。但是，这些东西依然存在，久久不能改掉。这是由于传习力所致。可见传习力乃是这些剩余现象存在的原因。

"第五，共变法（The Method of Concomitant Variation）。任何现象如以任何方式变化，另一现象则以某种特殊方式变化，则此现象如非另一现象的原因，便是它的结果，或者与它有某种因果关联。水银柱之升降与气温之高低，乃日常最显著的共变现象。适宜于拿共变法来研究的，是商业循环现象。我们应用这种方法，必须知道现象变化的程度。这也就是说，我们必须借测量而知道变化的程度。

"以上所说的五种方法,我们在应用的时候,必须判断相干或不相干。我们必须把相干的因素予以研究,不相干的因素撇开不管,再看相干的事的事例或性质是否同一、别异,或共变。"

"不过,"老教授凝神道,"相干是一个很难界定的概念。我们要决定某一因素与某现象是否相干,这与我们的知识和经验极其有关。在我们所研究的现象间,我们不能普遍地指出一个确定的标记来表示哪些因素相干、哪些不相干。事实上,在每一种研究中,我们的常识、我们对于类似现象之原有知识、我们的原创力、我们的思想上的冒险精神,以及想象能力,在决定相干或不相干时,都是不能缺少的条件。当然,我们对于所要决定的某因素与现象相干与否所在的范围以内的知识,尤为不可缺少。例如,我们要决定癌症与吸烟是否相干,必须具有高度的医学、生理学等范围的知识。我们对于相干之知识,亦如人的其他知识,只有借着更多的知识来发展,来印证。直觉有时也有帮助,但这要看什么人的直觉。在解决物理学中困难的问题时,爱因斯坦的直觉碰对的机会比一般人多。原因之一是,他有在物理学范围里工作五十年的经验累积,以及此类理知的发展。这些因素深入下意识,遇机涌现出来,自然常有价值。而我们一般人在物理学方面没有这类心理累积,所以,我们的直觉碰对的机会比爱因斯坦少。

"相干之决定,到现在为止,本无普遍原则可循。不过,为了研究工作之便,我们不妨制定一个形式的方式(formulation):如果有 X 则有 Y,如果无 X 则无 Y,那么 X 与 Y 相干。夜梦不祥,白天遭凶手殴击,无论如何不相干,我们只说两件事碰巧先后出现罢了。夏夜看见流星急驰,与第二天拾着银币,一定毫不相干。珍珠壳上放光泽,从前有人以为系由于珍珠壳的化学成分所致。后来有一位研究者在无意之间把松脂印在珍珠壳上，结果松脂印面上也有与珍珠一样的光泽。随后他又将珍珠壳印在黄蜡和铅等东西上面，结果都有珍珠光泽，而这些东西的化学成分各不相同。可见珍珠壳的化学成分与它的光泽不相干。

"其次，我们必须明白，上面所说的五种方法对于我们确定因果关系都有所帮助，或提供一些理由，可是，没有一种方法能使我们得到一个确切不移的结论。科学家之所以应用这些方法，直到现在为止，只重视它们的启发作用，来使我们借以设想某些因素或事例有因果关系罢了。所以，我们不可看得过分呆板。

"模拟法（analogy）也是科学研究上常用的。如果 A 与 B 在某些方面或性质相似，我们就推论 A 在其他重要的方面或性质与 B 相似。模拟法尤其只有启发作用，而且应用模拟法成功之程度，尤其与我们的知识、训练和想象力相关。在某个范围内知识和训练，以及想象力丰富者，在用模拟法时，他知道 A 与 B 的重要类似之点是什么、哪些类似点又是毫不相干的。从前，人学作文章，动不动说：'人之有文武，犹车之有两轮[1]，鸟之有两翼。是故文武不可偏废也。'从前的中国人为证明只可以有一个皇帝，常常说：'天无二日，民无二皇。'这些模拟真是比于不伦。是不是？……"

"吴先生！统计方法不是也常用的吗？"王蕴理想到这里。

"是的，统计是现代社会生活中不可缺少的工具。有许多现象，我们可以发现其齐一的函数关系。可是，另外有许多现象，我们发现不了这种关系。因为，也许没有这种关系，也许不能利用现有的技术来发现，也许太复杂了。在这些情形之下，我们只好用统计方

---

1. 原文此处为"辆"，疑似为"轮"之误。——本版编注

法来对付。在物理学中,虽然我们知道关于气体的每一原子的行动之机械律,可是,我们要依据这类知识来决定气体的行动,那是太复杂了,同时也太困难了。因此,我们只好设法求出大群原子行动的统计资料。死亡统计表并不告诉我们个别死亡情形的定律,也不告诉我们死亡之普遍原因。可是,死亡统计表仍可给予我们一个可靠的指示,以决定人寿保险应缴费若干。

"不过,我们必须明白,统计的结果只可应用于群集,而不适用于群集中的个别分子。例如,我们知道某大学有百分之五十的学生不能毕业,但是,我们不能说某一个学生,比如说张某,有百分之五十的机会不能毕业。同时,统计的结果也不能看得太确定,因为它是一种外部的记录。当然,无论如何,它多少可以给我们以因果或趋势方面的启示,或者,促使我们对于某现象提出进一步的假设。

"提到假设(hypothesis),它是西方人研究科学的重要工具。我们简直可以说,如果没有假设,就没有科学。最广义地说来,假设是一个语句,而这个语句的证明是尚未确定的。一般说来,假设并不完全是猜。假设虽不免或多或少有猜的成分,可是假设之构成也多少有点根据,或研究者个人之所见。不过,假设并非我们已确知其为真的语句。如果我们已经确知假设是真的语句,那么它便不复为一假设,而是一个已经成立的定律了。科学中的假设,大多数是推广。气象局报告'明天阴雨',严格地说,是以统计资料为依据所提出的推广。"

"请问您,要提出合用的假设,有普遍的规律可循吗?"王蕴理问。

"哦!没有!没有!"老教授摇摇头,"一个假设之合用与否,与提出者在该范围里的学识、经验、训练大有关系，与他的想象力之强弱也大有关系。既然如此，当无普遍的规律可循。……科学方法论家之所能为力者，是提出合用的假设必须满足哪些要求。我们要能提出合用的假设，必须：

"1. 适于说明它所要说明的一切基料。这也就是说，一个假设必须与它所要解释的对象之外范的广狭相当，过大或过小都不适用。这一条容易说，但不容易做到。通常所谓的'社会现象'一词中含有通常所谓'自然现象'。可是，通常所谓的'自然现象'并不必含有通常所谓'社会现象'。我们对于'自然现象'所说的话，不足以解释'社会现象'。我们明乎此理，便可以知道十九世纪一部分人想以关于'自然现象'的假设来解释'社会现象'，为什么引起'减削的不适当'（reductive inadequacy）。

"2. 结论丰富。这里所谓结论丰富，意思就是说，可以从它推出许多有助于了解现象的结论。

"3. 可以印证或否证。一个假设之提出，我们必须接着可以印证它，即有方法证实它是真的。如其不然，假使我们能够否证它，也不失其为一假设。如果有人提出一种假设，任何人都无法印证，又无法否认，那么科学家一定视其为无用，弃而不顾。在生物学上，从前有人提出隐德来希（entelechy）来解释生命现象，就是这类假设。在日常生活中，这类假设为数尤多。例如，你如不改过，就会入地狱被硫黄火烧。

"4. 自相一致。如果一个假设不能自相一致，那么自己在逻辑上就站不住脚。这样的假设根本无法使用。

"5. 与已有的科学知识不相冲突。在通常情形之下，我们提出一个假设，必须尽可能地不与已经成立的科学知识相左。"

"您的意思是不是说，我们提出假设时，必须死守已有的知识成规呢？"王蕴理问。

"哦！我没有这个意思。"老教授眼光一亮，"我只是说，'尽可能地'如此，并没有说'必须死守'。就盖然程度来说，合于既有知识的假设，其合用的机会多于不合既有知识的假设。"

"可是……如果已有的知识不足以说明某一新被发现的现象，这时，我们非提出新的假设，不足以尝试着去解释它。可是，这个新的假设又与既有的知识相违背，那么，我们该怎么办呢？"王蕴理接着问。

"确乎如此的话，我们当然只有开始怀疑既有的知识，而考虑提出新的假设。科学知识多是盖然的，而且常常在改进之中。我们之所以需要提出新的假设，有时就是为了修正已有的知识，或弥补已有知识之不足。所以，我们不可故步自封。……不过，已有的科学知识，是许许多多人长久累积所成的。所以，我们更动它要特别小心。假若我们对于既有的知识累积并未登堂入室，而贸贸然提出'新说'，这只是表示我们还未到达研究学问的成年而已。

"6. 假设要简单。如果有两个假设 H_1 和 H_2，而且二者在一切方面相等，只是 H_1 比 H_2 简单，那么我们无疑要选择 H_1。中世纪哲学家奥卡姆（William of Ockham）有一句名言：'若非必要的东西，不可增加。'这是有名的奥卡姆剃刀定律（Ockham's Razor）。对于同一现象，我们能用较简单的假设解释时，绝不可再用较复杂的假设解释。在科学史上，较简单的假设淘汰了较复杂的假设的实例不知凡几。天文学中这样的情形就很多。"

"提出了假设以后，我们紧接着所要做的事是什么呢？"老教授望着他们两个人。

王蕴理想了一会儿，答道："就是设法求证。"

"对了！"老教授露出高兴的神色，"求证，在科学研究的一个阶段以内，是最后的一个步骤。《韩非子·显学》上说：'无参验而必之者，愚也。弗能必而据之者，诬也。'提出一个假设以后，我们不能就肯定它一定是真的，要赶紧想法子寻求证据，根据这证据来看它究竟是不是真的。这种程序叫作证实。

"经验科学家是非常看重证实的。赫胥黎说：'……灵魂不朽之说，我并不否认，也不承认。我拿不出什么理由来信仰它，但是我也没有法子可以否认它。……我相信别的东西时，总要有证据。你若能给我同等的证据，我也可以相信灵魂不朽的话了。……这个宇宙，是到处一样的。如果我遇着解剖学上或生理上的一个小小困难，必须严格地不信任一切没有充分证据的东西，方才望有成绩，那么，我对于人生的奇妙的解决，难道就可以不用这样严格的条件吗？'从这一段话里，我们可以看出经验科学家是怎样地看重证实了。

"证实既是这样重要，那么我们在证实的时候应该抱持什么态度呢？如果我们的假设被证实了是合乎事实的，那么我们还要继续小心求证，不可轻率相信它一定真，因为恐防发生例外，或发生别的毛病；如果我们的假设被证实了是假的，那么便应该立刻放弃，绝对不可稍稍固执成见。在真理之神的面前，不可依恋情感的恶魔，否则，真理之神永远不会接纳我们的！

"在求证实的时候，我们为什么必须抱持这样的态度呢？其理论的根据在哪里呢？这个问题必须在积极的证实和反证的性质中去求解答。

"在讨论条件语句的推理时，我们曾经说过：'肯定后项，不能肯定前项；否定后项，可以否定前项。'我们建立假设，往往是用条件语句，而在证实假设的时候，我们的思维程序不是'由肯定后项不能肯定前项'，而恰恰是'由肯定后项而肯定前项'。这种办法显而易见不是必然可靠的。用这种办法得到的结论即令是真的，大都是盖然的真，而不是必然的真。'假若一切老鸦都是黑的，那么中国老鸦也是黑的。'我们看见'中国老鸦都是黑的'，因而证实'一切老鸦都是黑的'。这种办法多少有些冒险性质。所以，如果所提假设被证实为真，也大多是盖然的真。

"可是，既然'否定后项，可以否定前项'，于是只要有一个例外，我们就足以把假设确定地推倒。'假若一切鹄都是白的，那么澳洲鹄也是白的。'可是，我们知道在事实上澳洲有黑鹄。因而，'澳洲鹄是白的'这个后项被否认了，所以前项也随之而被否认，原来的假设立刻遭反证了。

"除此以外，还有另一方面的理由。在证实的时候，我们总是根据已知的一类之一部分的事例来承认对于这一类之全部事例——包含未知的在内——所说的话。这也就是根据偏谓语句之真来说全谓语句之真。

"我们在前许久已经说过，偏谓语句真的时候，与之对待的全谓语句不必然为真，而是或真或假的。既是如此，如果假设被证实为真，它不是必然的真，我们只能说是盖然的真。我们又曾说过，偏谓语句假的时候，全谓语句必然为假。既是这样，如果假设被证实为假，那么它是确然为假。化学家拉瓦锡（Lavoisier）研究种种酸，看见其中含有氧，于是他假定'一切酸都含有氧'。后来有人寻出盐酸中并没有氧，而酸性反强。这就是说，'有的酸含氧'是假的。'有的酸含氧'是假的，则'一切酸含有氧'必然也是假的。所以拉氏的假设不能成立了。

"无论从哪一方面的理由来看，我们可以得到一个总结：如果假设被证实是真的，那么大多只是盖然的真；反之，如果假设被证实是假的，那么一定是假的。既然是这样，所以在求证的时候，我们不可不谨守前面所说的态度。在人类求了解经验世界的历程中，我们不断地假设，不断地求证，才能促使我们的经验知识进步。"

第十九次 种种谬误

"吴先生,常常听到有人说,说话和写文章必须合乎逻辑,这话对不对呢?"周文璞问。

"唔!……"老教授沉思道,"通常都是这么说的……但是,真正弄逻辑的人可不这么想。所谓说话、写文章是否必须合乎逻辑,看你的目标是'说理'还是'服人'。而且,还要看你所说的话是哪一种话、所写的文章是哪一种文章。"

"我们通常有一种错误,以为'合理'者可以服人,'服人'者也一定合理。其实不然,'合理'者不必能服人,服人者不必是合理的。在事实上,服人的语言常极不合理。极不合理的语言,反而能动听而极服人。反之,合理的语言常常使人漠视;有时,使人愤怒,甚至仇视。这就构成人生的悲哀。"

"您是不是说,合理的话一定都是不足以服人的,服人的话一定都是不合理的呢?"周文璞问。

"不是这么说的。为了表示得清楚些起见,我用逻辑的方法来表示刚才所说的。我们把'合理的语言'当作一类,并且用 R 来表示。我们把'服人的语言'当作一类,并且用 C 来表示。现在用一个范式图解来图示 R 和 C 这两个类之间的关系。"老教授用粉笔在黑板上慢慢画着：

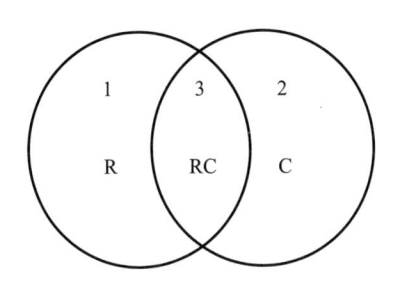

$$\begin{array}{c} 1 \quad 3 \quad 2 \\ R \quad RC \quad C \end{array}$$

"请二位注意呀！"老教授解释道，"这个图解中的两个类构成三个部分：第一部分，是 R 而不是 C；第二部分，是 C 而不是 R；第三部分，既是 R 又是 C。R^1 表示，有合理而非服人的语言；C^2 表示，有服人而非合理的语言；RC 表示，既合理又能服人的语言。从这一解析，我们可以知道，既有 RC，即有既合理又能服人的语言这一部分，那么并不是凡合理的语言一定是非服人的语言，也不是凡能服人的语言一定是非合理的语言。是不是？……不过，既然第三部分只是三个部分中的一部分而已——除了第三部分，尚有合理而非服人的语言，以及服人而非合理的语言，可见合理的语言与服人的语言，至多只有一部分重叠，而不能相等。……合理的语言和服人的语言不能完全符合起来，这就是人类社会不够愉快的一大原因。举个已经提到的例子说吧！希特勒的演讲词，在今日看来，实在没有什么太多的真理。可是，在当时却能使广场上的人如痴如醉、

---

1. "R"应改为"R$\bar{C}$"。——原编注
2. "C"应改为"$\bar{R}$C"。——原编注

如疯如狂，乐于为他作火牛，这不能不说是服人了。……当然，如果凡合理的语言必不能服人，而且凡能服人的语言必不合理，那么逻辑就可以不必学了。不独逻辑可以不必学，其他科学知识、伦理建构，也一概归于无用。人类只有长期停滞在野蛮状态之中，与猛兽为伍了。好在并非如此。在我们的语言中，毕竟有既合理又能服人的那一部分。逻辑研究之直接或间接的作用，就是扩大这一部分，使凡合理的语言就能服人，而且，凡能服人的语言也就是合理的语言。这也就是说，使合理的语言与服人的语言符合。当然，这是不可能完全达到的目标。不过，如果人类趋向真善美的动力是不息的，那么做到一分就算一分，增加一点就改善一点。所以，现在放在我们面前的问题，倒不是合理的语言与服人的语言能否完全符合的问题。这是'求全'。求全不遂，最易趋于幻灭。现在我们所面临的问题，乃服人的语言是否能逐渐变成合理的语言，果能如此，那也就是表示，人类的错误逐渐减少，盲动减少，而理知则逐渐增加。这样，人类就可以向着好的方向走去。……各位的意见怎样？"

"您说得很清楚。"周文璞说。

"而且把理知的发展与人生的关系也带出来了，是不是？"王蕴理接着说。

"是的，是的。"老教授笑着点头，"不仅逻辑如此，在实际上，科学研究在这种发展上也大有帮助。……我们还是把话题拉回头吧！"

"照我看来，一般所谓'合乎逻辑'之说，意谓是很含混的。说这种话的人很多，可是不见得个个习过逻辑，从何而知道某话是否合乎逻辑呢？许多人往往以为，我们说话和写文章，不是合乎逻辑，便是不合逻辑，只有这两种可能。如果这样分别，那么是不对的。在合乎逻辑与不合逻辑之间，还有第三种可能，就是无所谓合乎或不合乎逻辑。用英文来表示比较清楚：（1）logical；（2）non-logical；（3）illogical。（1）意即合于逻辑的；（2）意即非逻辑的；（3）意即违反逻辑的。从这一列举，我们就可明了合逻辑与违反逻辑之间还有非逻辑的。

"什么是合于逻辑的呢？如果各位已经了解我们这些时所讨论的，当然可以明了所谓合于逻辑的，就是合于一切逻辑规律的推论。可是，在一般情形之下，许多人常常把非逻辑与违反逻辑二者混为一谈。许多人以为非逻辑即是违反逻辑，其实二者是有区别的。

"所谓'非逻辑的'，意即无关乎逻辑的，或说逻辑以外（extralogical）的。'卵有毛''鸡三足''火不热''轮不辗地'这些话都是非逻辑的，这些话之为非逻辑的，与'三角形是冷的'之为非逻辑的完全相等。'三角形是冷的'这句话之为非逻辑的，与'太阳是发光的''凡金属是有重量的''一切动物是细胞构成的'这些话之为非逻辑的完全相等。在这些话中，有些是假的，有些是真的——'鸡三足''火不热'等话显然是假的。'太阳是发光的''凡金属是有重量的'等话显然是真的。一般人容易以为真话就是'合于逻辑'的话，假话就是'不合逻辑'的话。其实，就刚才的解析看来，真话可以是非逻辑的，假话也可以是非逻辑的。语句之真假与否，与其是否合于逻辑，简直毫不相干（irrelevant）。从我们在许久以前关于真假对错的讨论看来，只有在推论关联之中才能决定一个语句是否合于逻辑。一个单独的语句，不在任何推论关联之中，像不在轨道之中的游离电子一样，是无所谓合于逻辑与否的。依此推论，一切语句，特别是经验语句，都可以视作非逻辑的语句，即逻辑以外的语句。逻辑以外的语句有的真，有的假，依此，假的语句可以是非逻辑的，真的语句照样可以是非逻辑的。总而言之，语句之真假与其是否合于逻辑是毫不相干的。"

"这样说来,非逻辑的语句还可以是真的,那么我们说话、写文章就不必一定要合于逻辑了,是不是?"王蕴理问。

"一般所谓'说话、写文章必须合逻辑'之谈,其意谓的恐怕是'要求正确'之意。在一般情形之下,所要求的'正确',含意是非常之多的,而'合于逻辑'恐怕是其中不算重要的要求。这是因为逻辑无关乎经验陈述之真假,而且逻辑永远不特定地支持某一特定的论证。人总想以特定的论证来支持他自己的意见,或好恶,或意志,甚或利害,而逻辑并不能特定地帮这些忙。一般人对真正的逻辑不发生兴趣,他们所要求的'正确',主要地并非合于严格的逻辑之推论。如果所谓'必须合逻辑'之说的意思真正是说,'说话、写文章必须合于逻辑书上那些规律',那要看所说的话是什么话、所写的文是哪一种文。如果所谈的话是家常话,所写的文是散文,或非理论性的文,那么当然不必要合于逻辑规律。如果在这些场合中要合于逻辑规律,等于在戏院里要人读经,那才是呆子哩!"

"哈哈!"周文璞笑道,"有许多学究就是这样的。"

"人生也有这么一格。人生有了这么一格,趣味就多一点。"王蕴理说。

"可是,如果所谈的话是用于正式讨论问题,所写的文是用于表达理论,那么一定得合于逻辑规律。……"老教授停一停,又说,"我们普通言谈辩论或研究学问,其正确的目标无非在求真。然而,很少人先花几年工夫将逻辑训练好,再去谈话、写文章、研究学问的,而多半是走一步探一步的。在这走一步探一步的过程中的人,只要不是太笨,总可慢慢探出一个理路来。得到这个理路的人,就可慢慢明白起来。明白了的人,如果才智再高一点,也可以多少有点建树，或有所发现。有许多人不一定究习逻辑，但可探出真理。不过，无论如何总没有用逻辑之效率高，尤其想搞通理论时，总没有借用逻辑来得有把握。所以，想要造深高的学问，最好先学学逻辑。"

"研究哲学需要学逻辑吗？"王蕴理问。

"研究哲学也是需要的。……照我看来，恐怕比研究科学更需要。因为，研究经验科学，有实验条件、客观事物等条件来限制它；研究纯理论科学，有符号语言、方程式、公式来限制它；研究哲学则没有什么限制，即使有也很少很少。甚至于可怜的自然语言这一工具也被一部分弄哲学的搅得乱七八糟，结果，徒徒增加彼此之间的困难，局外人更不用说了。所以，弄哲学常常弄得漫无边际、言人人殊，不容易得到准确的知识。如果这是一病的话，那么此病须靠逻辑来医。"

"这样看来，逻辑只有理论方面的用处了。"周文璞说。

"是的，逻辑的应用主要限于理论方面。但是，通过这种应用也可以影响实际。当然，这种影响大多不是直接的，却很深远。"吴先生吸了一口烟，"不过，说到这里，我要顺便表示一下，我们不要把'用'看得太直接、太现实，而轻视理论方面的用处。巴黎油画有什么'用'？蜡人馆里陈列的蜡人有什么'用'？现在读希腊文有什么'用'？弄纯数学有什么'用'？如果所谓'用'只限于吃饭穿衣睡觉，那么人类的生活与其他低等动物也就很相近了。唉！目前流行的一种空气，什么都只讲直接效用。结果，人类的菁华快磨掉了，人变成有生命现象的机器。"老教授深深叹一口气，不住地抽烟。

他们二人相视微笑。老教授牢骚这样多，像自来水一样，一扳动机关,就不住地向外流。

"我们读书人,"老教授提高嗓音道,"切勿为这种瘟疫所感染。除了讲求实用,我们还要有一种为学问而学问的兴趣、为真理而真理的态度。逻辑,就它的本身说,是一种纯粹科学。逻辑之学,自亚里士多德刱创以来,经过中世纪,到九十余年前,一直是在冬眠状态之下。而自十九世纪中叶布尔等人重新研究以来,突飞猛进,与纯数学合流。由于晚近逻辑发展之突飞猛进,引起数学对于其本身的种种根本问题之检讨与改进。形势几何学(Topology)就很受组论(Mengenlehre)的影响。写文运思而依照逻辑方式,是一件颇不易办到的事。在这个世界上,全然健康的人也不多见。很少人能说他的运思为文全然无逻辑上的毛病,即使是逻辑专家,也不能完全办到这一点。逻辑训练,除了积极方面可能助长我们的推论能力,在消极方面可以多少防止错误的推论,而且直接或间接可以帮助我们免除种种常见的谬误。"

"吴先生可以将逻辑直接或间接可能免除的谬误讲一点给我们听吗?"周文璞问。

"可以的。我们现在将谬误分作三类:第一是形式的谬误;第二是语意的谬误;第三是不相干的谬误。

"形式的谬误(formal fallacy)是严格的逻辑谬误。如果逻辑的一切推论规律都是有效的,那么,一言以蔽之,凡违反这些有效推论规律之推论都是形式的谬误,这类谬误是有效推论的反面。这类的谬误之中的某些种,我们在以前的讨论中已经随时提出过。现在为了引起大家的注意起见,我们再提出一些来。

"关于位换的道理,在不习惯于逻辑之谨严的人看来,也许觉得琐细。然而,稍一留心,便会感觉并非如此。一般人容易从'北平人说国语'而以为'说国语的人是北平人'。这便是不留心所致。懂一点位换的道理的人,这类毛病可能少一点。语句之对待关系也是值得注意的,我们很容易由 I 之真而肯定 A 亦真。比如,某人说了我一两句不好的话,我便以为那人对我所说全部的话都是不好的。在一个地方旅行的人,看见那个地方一两条街道不好(用 I 表出的),便说那个地方简直不好(用 A 表出的)。诸如此类的错误是很多的。明了对待关系的有效推论,就可以给我们一种防范。

"关于选取推论的谬误。我们在前面说过,对于相容而穷尽的选项,只能由否定其中之一而得到肯定其余的结论,但不能由肯定其一而得到肯定或否定其余之结论。可是,由于心理联想的影响,我们常常由肯定其一而肯定其余,或由肯定其一而否定其余。例如,有人告诉我们,那个人是一个坏人或者是一个骗子。我们一个不小心,常常容易由肯定那个人是一个坏人,进而肯定他是一个骗子。其实,当那个人是一个坏人的时候,他也许是一个骗子,也许不是,而是一个扒手。'他喜欢吃饭或喜欢吃面,他喜欢吃饭,所以他不喜欢吃面',这个推论也是错误的。如果说这个推论是以中国南方人不喜欢吃面为根据,那么这更不能叫作推论,而是猜或根据经验判断,至少不是逻辑推论。从逻辑观点来看,如果'吃饭'和'吃面'是可以相容的,一个人既可以喜欢吃饭又可以喜欢吃面,那么从他喜欢吃饭推论不出他一定不喜欢吃面。但一般人容易这样推论,这是因为根据心理联想或日常经验,心理联想常常错误,经验不是有效推论的保证。固然南方人喜欢吃面的少,但并非没有,则我们不能保证'他'不是少数中之一。如根据刚才所说的逻辑规律来推论,便可万无一失。

"相容而又不穷尽的选项,既不能借肯定其中之一而肯定或否定其余，也不能借否定其中之一而肯定或否定其余。但我们常常因心理习惯的支配，或受宣传的影响，容易将相容而不穷尽的名词当作不相容而不穷尽的名词。这类的实例，我在从前举了许多。二位可以回忆回忆。

"不相容而又不穷尽的选项，肯定其一可以得否定其余的确定结论，而否定其一则得不到确定的结论。在这种情形之下，我们由于疏忽，或为日常经验知识所囿，往往将不相容而又不穷尽的选项，由之借否定其一而肯定其余。假定——究竟是不是，这系一实际的事象，我们不管——纳粹党徒与天主教徒不相容。如果 X 是一个纳粹党徒，那么他一定不是天主教徒，也许他还可以不是自由思想者，不是和平崇拜者……但是，无论如何，他至少不是一天主教徒。因为我们在语言约定上已经假定纳粹党徒与天主教徒二者不相容。二者既不相容，已知他是纳粹党徒时，当然就不是天主教徒。这个结论，在'不相容'的语言约定之下是站得住的。但是，如果说 X 不是纳粹党徒时，我们就不能断定他一定是天主教徒。因为纳粹党徒与天主教徒虽互不相容，但并不穷尽。他不是纳粹党徒时，他可以'是'的东西多得很。天主教徒不过是他可以'是'的许多东西之一而已。X 不是纳粹党徒时，他也许是天主教徒，也许不是，而是和平崇拜者，或是人道主义者……总之，X 不是纳粹党徒时，他可以'是'的东西很多，不必然是天主教徒。可是，在这样的关联之下，人们容易把不穷尽的选项当作穷尽的，于是由否定其一而肯定其余。例如，我常常听到人这样问我：'吴先生，你是赞成唯物论的吗？'我回答：'我不是唯物论者。'他马上就说：'那么吴先生是一个唯心论者了。'我一听，这个人似乎缺乏起码的思想训练。他就是犯了这个毛病，把不穷尽的两个选项当作穷尽的，因而从否定其一而肯定另一。其实，我不赞成唯物论时，也可以同时又不赞成唯心论。……请各位注意呀！"老教授又提高嗓音，"我在这里所讨论、所注重的，不是在唯物论和唯心论二者之间弄哲学的人究竟应否选择其一的问题，也不是肯定二者是否真正不穷尽的问题。我在这里之所以提到二者的名词，不过是作为一例而已。当然，我也可以举别的例子。例如，二位在从前所辩论的消极和积极问题。我们说某人积极时，他一定不是消极的。但是，我们说某人不积极时，我们不可信口开河，说他消极。因为，消极和积极二者固然不相容，但是并非共同穷尽，不积极不等于消极。

"我们现在要讨论假定推论里一般易犯的谬误。假定推论的规律，二位还记得吗？周文璞，请你说说看？"

周文璞经这意外一问，答应不出来，瞪眼望着王蕴理。

"哦！不行，"老教授连忙摇头，"弄逻辑最重要的是熟练。逻辑不仅是一种知识，而且是一种训练，像数学一样，仅仅听听便忘记了，没有多大用处的。假定推论的规律是：肯定前件可以肯定后件，否定前件不可以否定后件；肯定后件不可肯定前件，否定后件可以否定前件。但是，一般人在作这种推论时最易犯两种毛病：一是由否定前件而否定后件，二是由肯定后件而肯定前件。假若经济贫困，那么人民沦为盗贼。许多人由此推论，假若经济不贫困，那么人民不沦为盗贼。这个推论是不对的。'经济贫困'只是'沦为盗贼'的充足条件，而不是充足与必须的条件。因此，经济贫乏时人民固然易于沦为盗贼，经济不贫困时，人民不一定不沦为盗贼。经济不贫困时，如果西部影片和江湖奇侠传看多了，还是有可能做盗贼的。美国盗贼可不少，但是单纯由于经济因素而沦为盗贼的就不很多。所以，我们不能这么推论。由肯定后件而肯定前件，也是一般人易犯的谬误。'如果他善于经营，那么他有钱。他有钱了，所以他善于经营。'这个推论简直不对。如果他善于经营，固然可以有钱，但他有钱了，不足以证明他善于经营。特别在一个乱糟糟的社会，当钱之来源常不正当时，有钱更不足以证明是善于经营所致。'如果苏俄赞成和平，那么它发动和平宣传'，我们不能由之而推论'苏俄发动和平宣传，所以它是赞成和平的'。如果我们这样推论，那么正中苏俄之意，上当不浅！是不是？在事实上，那些心理战术家就是利用我们容易从肯定后件而肯定前件这一弱点而设计的。同样，如果真正的民主国家必定实行竞选。可是，我们不能由某地有竞选之事，就断定那地方是民主的。……人世间许许多多欺骗的事，都是利用人们易由肯定后件而肯定前件做出来的。西方观察家过去常常因犯这类错误而受愚。

"三段式的推论之谬误更多。凡违反三段式之有效的推论规律的一切推论都是谬误。这种谬误，我们在从前讨论三段式时已经指出很多了，我们不在这里赘述。

"……我们现在要讨论语意的谬误。至少，语意的谬误不都是逻辑的谬误。不过，在语意的谬误之中，至少有一部分与逻辑之关系很密切。语意的谬误之与逻辑有关者很多，我们现在只选择常见的谈谈。

"分谓：一种语句或谓词，对于全体说为真，但对于部分说则假。如果我们对于部分说了，便成谬误。这种谬误叫作分谓。'某国是好侵略的，某人是某国之一分子，所以某人也是好侵略的。''某国是好侵略的'乃指某国全体而言，某人是分指某国之一分子而言。某国整个好侵略时，某一单独之分子未必好侵略。敌对国家的人民常用这种方法攻击对方。又如：'美国那样富，史密斯是美国人，难道他没有钱吗？'其实不见得。所谓美国富乃指美国这一整个国家而言。史密斯是美国人，乃分指他个人而言。整个国家富，一个人未必可以不穷。是不是？

"合谓：合谓之谬误刚好与分谓相反。对于一部分来说为真而对于全体来说便假的话或谓词，如果对于全体说了，便成一种误谬。这种谬误叫作合谓。'正方形的每一边是一条直线，所以一个正方形是一条直线。'这种说法显然易见是不通的。前一句话是分别地对于正方形的每一边而言的，后一句话则是合起来对于整个正方形而言的。所以，前真而后假。

"模棱辞令：中国文特别多模棱辞令。记得在北平的时候，我经过一个胡同口。有一个人正在请看相先生替他面相。看相先生将他的尊容端详一番，开口说道：'……您这位先生，父在母先亡。'那位先生大惊失色，连连点头称奇。……呵呵！这个人也太老实了。父母同年同月同日同时去世的情形在事实上非常少。将这个情形撇开，父母之存在可以有这几种情形：

"第一，父母双存。如果父母双存，那么可能有两种情形发生：第一种情形是父亲将会在母亲去世之先而去世。如果是这种情形，那么'父在母先亡'的解释是'令尊大人在令堂大人去世以先将会去世'。第二种情形是母亲将会在父亲去世之先而去世。如果是这种情形，那么'父在母先亡'这话就是'令尊大人尚在人世的时候令堂大人就会亡故'。无论哪一种情形，'父在母先亡'总是讲得通的。

"第二，父母俱亡。如果父母俱亡，那么也有两种情形：第一种情形是父亲先母亲之死而死。如果父亲先母亲之死而死，那么'父在母先亡'的意思就是'您的父亲在您的母亲死去之先就已亡故了'。第二种情形是母亲先父亲之死而死。如果母亲先父亲之死而死，那么'父在母先亡'意即'您的母亲当您父亲尚健在人世的时候已经亡故了。'无论哪一种情形,'父在母先亡'总是说得过去的。

"第三,父母一存一亡。如果父母一存而一亡,那么也有两种情形:第一种情形是父亲还在人世而母亲已亡。如果父亲还在人世而母亲死亡,那么'父在母先亡'意即'您的父亲尚健在,不过您母亲已经亡故了'。第二种情形是母亲还在人世而父亲已亡。如果是母亲还在人世而父亲已亡,那么'父在母先亡'很容易解作'您的父亲已经在您的母亲之先而亡故了。'无论哪种情形,都讲得通。

"总括以上六种情形,'父在母先亡'总是说得过去。是不是?"

"这真是极语义含混之能事。"王蕴理说。

"当然啦!"吴先生笑道,"要不然江湖上哪能骗得到饭吃?……不过,我们也不要只笑江湖上的人,就是一般写作之中,语意含糊的情形虽不若此之甚,可是也非常之多,不过一般人不易察觉罢了。要做到语意少含混,是一件很难的事,必须长时期地训练。自然语言(natural language),尤其是中文,历史很长,因而富于意象,富于附着因素,所以免除语义含混得大费气力。

"最后,我们要谈不相干的谬误。不相干的谬误非常之多。X与Y相干与否,大部分取决于知识,逻辑不研究一个一个的不相干的情形。但是,逻辑可以形式地界定(define)X与Y是否相干。我们已经在以前说过:如果有X则有Y而且如果无X则无Y,那么X与Y相干。我们还可以补充地说,如果有X则有Y而且无X则有Y或无Y,那么X与Y不相干。不相干的情形真是太多了,我们现在清理出几条常见的而且比较对人具有支配作用的谈谈好吧?"

"好的!"周文璞连忙说。

"滥引权威是不相干的谬误之一。这种谬误叫作诉诸权威辩论式（argumentum ad verecundiam）。权威不可随便抹杀，在相当的范围以内，权威是应该被尊重的。但在相当范围以外，权威就应受到限制了。在相当范围以外如不限制权威，便是滥引权威。滥引权威往往会得到不相干的结论。一个人是物理学的权威，不必是政治权威。爱因斯坦是物理学的权威，如果请教他有关物理的问题，他的说法无疑很值得重视。但是，他对于政治问题则未必如其对物理学问题内行。可是，有人却问他对于美俄前途及世界和平的意见，他凭在实验室的心情予以解答。答案似乎不大相干。

"利用群众也是最大的不相干的谬误之一。这种谬误叫作诉诸群众辩论式（argumentum ad populum）。这种谬误却不幸非常流行。许多年前，有一个研究生物学的人在一本著名的杂志上发表一篇文章，说他已经从无机物造出细菌，证明了生物可以自然发生。当时南方某一大学有许多人纷纷反对此说，其实，发表这篇文章的人在做实验时手术不慎，把细菌带进试管，因而误下结论。这个说法没有不可反对的。可是，反对的办法实在大成问题。那个学校所用以反对的方法是举手：如果举手反对此说的人多，便断定此说为假。这真是太不相干了。这类问题，不比食堂里赞成吃饭还是赞成吃面。赞成吃饭或赞成吃面乃是一个意愿问题，而不是真假问题。碰到意愿问题，当然以迁就大多数为宜，所以可用举手方式表决。而真假问题必须取决于实验或推理，与大多数是否赞成毫不相干。如果某一学说是假的，假使大多数人赞成，它也不因之为真；如果某一学说是真的，即使大多数人反对，它也不因之而假。达尔文的生物进化论一出，当时遭到多数生物学家之揶揄非笑。现在，我们知道进化论虽遭遇多数人反对，还是真理。《圣经》上的生物特创论曾受到多数人赞成，现在，我们知道它是站不住的。在科学进步史中，类此的例子不知凡几，由此可证，学理之真假与大多数人之反对或赞成是毫不相干的。……可是，"老教授叹一口气，"这一种不相干的办法，正被许多人当作相干的办法，在许许多多场合扩大地应用着：多数人认为是真的就是真的。结果，是非不明，黑白不分。"

"这似乎是一个时代病。"王蕴理皱着眉头。

"是的，"老教授连忙点头，"年轻人看得出这是一个时代病，那我们就不至于永远在黑夜里行路了。

"诉诸暴力辩论式（argumentum ad baculum）也是一种不相干的谬论。这种办法就是拿暴力来支持辩论者自己的主张，弄到最后，甚至索性较力不较理。乡下有句俗语'说不过就讲打'，就是诉诸暴力辩论式。其实，这种办法目前应用甚广，几乎通行于半边地球。如果你能够拿起一根巨棒，那么可以威胁对方，使他接受你所高兴要他接受的任何说法。但是，可惜，这并不能证明你的说法是真的。在萧伯纳的《安德鲁克里斯和狮子》（*Androcles and the Lion*）中，借罗马兵丁与基督徒的谈话，一再表现了这些谬误。……但是，不幸得很，十九世纪的乐观征兆像朝霞一般逝去，如今人类又回复到罗马兵丁与基督徒对峙的局面，而且，由于技术之重大进步，这一对峙比罗马时代要惨厉得多。"老教授一面说，一面凝思着，眉头现出深刻的皱纹。

"我还要表示的一种不相干的谬误，就是攻击人身辩论式（argumentum ad hominem）。这种谬误几乎随时随地发生。比如说，甲乙二人本来是讨论一个问题的。后来，甲的道理说不过乙，于是撇开道理不谈，转而攻击乙的人身，说他操守不好、品行不良，不配谈这个问题。这就是攻击人身的辩论式。没有理知训练的人、没有养成人与事分开之习惯的人，最易犯这种谬误。这种谬误在二十世纪,亦如其在过去,与诉诸暴力辩论式深结不解之缘。"

"您是不是说,我们在运思的时候要尽可能地免除这些毛病?"王蕴理问。

"当然啦!"老教授坚决地点着头。

王蕴理陷入深思之中。

第二十次 | 余话

"我们谈逻辑谈了这么多次……关于它的历史演进的大概情形,似乎也应该提到一下。"老教授说,"我已经说过,逻辑学的鼻祖是亚里士多德。亚里士多德关于逻辑的研究收集在《工具论》里。自亚里士多德以后,逻辑在中世纪没有什么进步。中世纪学者对于亚里士多德的逻辑,只做了一些烦琐的注释工作。这期间逻辑之所以没有什么进步,最大的原因,是将逻辑的题材囿限于自然语言界域中,而没有开辟那逻辑题材丰富的数学园地。

"到了十七世纪,德国数学家莱布尼茨(Leibnitz)提出普遍数学(mathesis universalis)和普遍语言(characteristica universalis)的观念。这算是开近代逻辑之先河。可惜,莱布尼茨只提了一个头,他并没有把他的想法发展出来。到了十九世纪,英国数学家乔治·布尔出现,才开始大规模地正式用数学方法研究逻辑。从他开始,逻辑和纯数学才逐渐合流。逻辑上有名的布尔代数(Boolean Algebra)就是布尔创建的。他在这方面的重要著作有《逻辑之数学的解析》(*Mathematical Analysis of Logic*),1847年出版;《思考规律》(*Laws of Thought*),1854年出版。那个时候,学人对于逻辑的性质没有现在这么清楚。逻辑的研究受哲学上的知识论甚至于形上学的影响。哲学家多以为逻辑是思维之学，所以，布尔的逻辑书也被冠以思考规律的名称。其实，这本书所讲的内容与思考之心理历程毫不相干，与思考之知识论的问题也毫不相干，而主要是逻辑之代数学的表示。继布尔而起的，有德国数学家施罗德。他在这方面的著作，有三巨册的《逻辑代数学》(*Algebra der Logik*)。

"布尔以后，最大的逻辑家是弗雷格（Gottlob Frege）。弗雷格是十九世纪中叶到二十世纪初叶的人。他的贡献颇多，有逻辑系统构造方法、语句演算、语句函数、量化项（Quantifiers）、推论规律，并从逻辑推出算术等。因为弗雷格的著作艰深，所用符号繁杂，所以不大为同时的人所知悉，甚至被人误解。"

"学人常有这类不幸。"王蕴理说。

"是的……到了本世纪，由于罗素之发现，弗雷格大为受人重视。现在，弗雷格的著作被翻译出来，学理一一被人介绍与阐释。时至今日，研究逻辑与数学基础的人，没有不研究弗雷格的。比弗雷格稍晚的，有意大利的皮亚诺（G.Peano），他对逻辑代数学有所革新。

"到了二十世纪，罗素和怀特海出现。他们的工作主要系集十九世纪以来数理逻辑诸研究的大成。二人合著《数学原理》。这部著作凡三巨册，被公认为亚里士多德的《工具论》以后逻辑研究中的里程碑。这部著作实证地证明，用系统建构的方法可以把全部纯数学从逻辑推论出来。这部著作对于现代纯数学家与逻辑家发生了决定性的激励作用。由于罗素的创导，四十年来，从事数学基础与逻辑研究的西方学人，数目一天比一天多。

"自从《数学原理》问世以来，逻辑的研究呈现一种分殊

（ramification）的趋势。在罗素以后，最堪注意的，而且影响最大的人物有三个：一个是罗素的门人路德维希·维特根斯坦。他的重要著作是《逻辑哲学论》（*Tractatus Logico-Philosophicus*）。现代逻辑中最有影响的套套逻辑（tautology）概念，是他明显地提出的。维特根斯坦的创导促成维也纳学派（Vienna Circle）之兴起。由于维也纳学派之兴起，促成解析哲学之创建。还有一个是奥国逻辑家哥德尔（K.Gödel），另外一个是卡尔纳普（R.Carnap）。哥德尔的重要贡献是不全定理（incompleteness theorem），以及与这个定理有密切关联的另一定理。这另一定理说，我们在一个逻辑系统以内，于某些条件下，不可能构成一个证明来证示这个系统是自身一致的。他又贡献了语法之算术化（arithmetization of syntax）的方法。卡尔纳普教授则深受弗雷格的影响，从事逻辑语法的研究。他的著作颇多，重要的有《语言的逻辑句法》（*Logical Syntax of Language*）、《意义与必然》（*Meaning and Necessity*）、《盖然的逻辑基础》（*Logical Foundation of Probability*）。继他们而起的人物遍布英美和西欧。"

"吴先生，您所说的，我们有些还不了解。"王蕴理说。

"当然，刚才所说的，有些是很专门的问题。要能了解它们的意义之所在，必须作进一步的研究，或专门的研究。"

"是不是要读您刚才所举的那些书呢？"周文璞问。

"当然要读的。……不过，学不躐等，最好还是按部就班来，先读些基本的书。"

"先读哪些书呢？请问。"周文璞又接着问。

"如果各位还有兴趣的话，那么最好再读读沃尔夫（A.Wolf）教授著的《逻辑学教材》（*A Textbook of Logic*），Lodon，George Allen and Unwin Ltd 出版。沃尔夫教授多年教这一门功课，教学经验丰富。这本书中,纯逻辑成分虽然没有咱们这些天来讨论的多,但应用的部分和一般的常识真不少,所以读读是有益的。这本书文理条畅浅明,对初学者并不难。

"如果各位读了这本书还感到不满足,而希望多知道一点新的知识,多得到一些新式的训练,那么有本内特(A.Bennett)和贝利斯(C.A.Baylis)两教授合著的《形式逻辑:现代导论》(*Formal Logic: A Modern Introduction*)。本内特是美国布朗大学的数学教授,贝利斯是该校哲学教授。这本书内容丰富,说理精当,观点颇新,习题颇多。"

"您说的这两种书,是不是主要以符号逻辑为内容的书呢?"王蕴理问。

"不是的,二者都是采取兼容并收的写法。"

"假如我们想读点符号逻辑的书,您可以介绍哪些呢?"王蕴理又问。

"有两种很标准的著作。一是艾丽丝·安布罗斯和莫里斯·拉泽罗维茨合著的《符号逻辑基本原理》(*Fundamentals of Symbolic Logic*), New York, Rinehart and Co.Inc. 出版。这本书说理畅达,编排均匀,又将古典逻辑兼消于类论(Theory of Classes)之中,恰到好处,所以,自出版以来,书评界迭有好评。可惜,这本书对于类型论(Theory of Types)谈得太少,这是美中不足之处。

"如果各位的兴趣偏重数理,那么最好是熟读塔尔斯基教授的《逻辑引论》(*Introduction to Logic*), Oxford University Press 出版。塔尔斯基教授是波兰人,现在流亡美国,在加利福尼亚大学任教。他是美国的第一流逻辑家。其所著 Wahrheitsbegriff 的论文,对于语意学及哲学解析影响颇大。这本《逻辑引论》是为习数学而有逻辑兴趣者写的。第二部分在事实上是讲系统学的，尤见精彩，但须细读方可通。"

"假若我们还想参及旁的书，应须读些什么呢？吴先生！"周文璞问。

"最好是读奎因的新著《逻辑的方法》(*Methods of Logic*)，New York，Henry Holt Co. 出版。奎因在美国哈佛大学做哲学教授，是美国第一流逻辑家，以量化论（Theory of Quantification）为主要贡献。这本书写得很见精审，德国逻辑家也有好评。

"再进一步，读希尔伯特和阿克曼二氏合著的 *Grundgügeder Theoretischen Logik*。此书有英译本，叫作 *Principles of Mathematical Logic*，New York，Chelsea Publishing Company 出版。希尔伯特是德国大数学家克莱因（Klein）以后的数学权威。这本书被逻辑界公认为标准的逻辑教本，凡现代逻辑中的重要问题，如类型论、决定问题（Entscheidungsproblem），无不论列。不过这本书正如许多老牌德国人写的理论书一样，写得非常紧凑，正文只有一百三十页，不多也不少，必须精读。近年来，写专门的逻辑论文者、作博士论文者，常常引用它，其重要可以想见。

"假若我们已熟读了上面所说的书，而对于逻辑再想深进，那么最佳的可读的标准著作便是奎因教授的《数理逻辑》(*Mathematical Logic*)，Harvard University 出版。这部书是逻辑界公认的一部精心巨构。如果我们熟读并习完这部书，那么对于现代逻辑的知识与训练，可说'大体具备'。从此再往前去，不难左右逢源。

"如果我们已经熟读并且习过上面所说的那些书，那么就可以参读怀特海和罗素合作的巨构《数学原理》。"

"吴先生！请问有没有关于逻辑的刊物呢？"王蕴理问。

"有的，丘奇（A.Church）教授等人编辑的《符号逻辑》（The Journal of Symbolic Logic）是这方面的专门学刊。这个学刊的编辑，多是从事逻辑研究的专家。这个学刊是国际性的，所用语言至少有英、德、法三种。其中所发表的专文乃世界第一、第二流的著作。其中的书评也多出自专家手笔。不过，这些作品，必须具备逻辑上专门的知识和训练，才可读懂。其余有关逻辑的文章，就英文的而言，常散见于《科学哲学杂志》（Journal of Philosophy of Science）、英国出版的《分析》（Analysis），以及英美的几种哲学刊物。"

"唔……"老教授沉吟一会儿，"现代逻辑和逻辑语法有不可分的关联。例如，我们想把类型论说清楚，就非利用逻辑语法不可。因此，我们研究逻辑到达相当程度，就必须从事语法的研究。我们要研究逻辑语法，就不可不读前面曾提到过的卡尔纳普教授所著《语言的逻辑句法》，London，Kegan Paul出版。除了语法，逻辑还有一个重要的层面，就是语意。关于语意学的研究，卡尔纳普教授的两种著作——一种是前面提到过的《意义与必然》，University of Chicago Press出版；另一种是《语义学导论》（An Introduction of Semantics），Harvard University Press出版——都是需读的。此外，还有塔尔斯基教授以及其他学者的若干篇重要论文，也是必须读到的。如果我们再把范围扩大一点，想要知道语义学、逻辑同哲学的关系，那么应读的书有林斯基（L.Linsky）的《语义学与语言哲学》（Semantics and the Philosophy of Language），The University of Illinois Press出版。这是一本精彩的文集。

"如果咱们想对于逻辑深造，那么至少必须攻习数学中的组论（set theory）。假若我们再对于严格的'逻辑哲学'发生兴趣，那么必读的著作是古德曼（N.Goodman）教授的新作《表象的结构》（The

Structure of Appearance），Harvard University Press 出版。这部书写得很硬，内容专门，新见层出，必须花一番气力去读才行。

"逻辑与其他科学的关系真是越来越密切。"老教授加强他的语气，"我们知道，一切科学虽不只是语言，却离不开语言。语言有语法，有语意。语法和语意弄清楚了，科学问题的一面就解决到了相当的程度。制定普遍的语法结构及其推论程序，和真假之规定，是逻辑的任务。……谈到这里，我觉得耶鲁大学费奇教授（Professor Fitch）说的话很中肯。他说：'二十世纪五十余年来，逻辑特别发达，人类首次得到一种有力的工具。这种有力的工具足以帮助我们推论种种关系以及一切种类的性质。符号逻辑已经应用到生物学、神经生理学、工程、心理学和哲学中。将来有一天符号逻辑家能够像物理学家之久已能够研究"毫无颜色的"物理学观念一样，清楚而有效地思考社会、道德和美学概念。逻辑这一新科学之充分的功用尚未被大家所感觉到。这一部分是由于逻辑之理论的发展尚未完成，一部分是由于许多人有能力很便利地运用符号逻辑，但是他们还不知道有符号逻辑存在。当符号逻辑的功用被大家感觉到时，则一个比较丰富的、比较合于人类需要的和比较理知的哲学，可以渐渐建立起来。现在，如果我们对于数学没有坚实的基础，那么我们便不能攻习物理学。同样的，将来总有一天，我们如果没有符号逻辑的彻底训练，我们便不能研究伦理学与政治学。……'对于思想有节律的人而言，这段话再真实没有了。固然，正如怀特海所指出的，我们不能全靠符号之助来思想，但是，我们必须先将思维运算规范于逻辑运算之中，然后再谈其他。符号逻辑中的推论方式是人类积长期努力而得到的运算方式。这种方式虽非完全够用的方式，但为比较可靠的方式。如果我们舍此方式而不顾，思意如天马行空，如杨花乱舞，固可得诗情画意，但思想的校准又在何处安顿呢？"

"这样，再扩大一点看，逻辑是人生必不可少的学问了。"周文璞说。

"……就我的经验来说，确乎如此，并不是卖瓜的说瓜甜呀！哈哈！"老教授笑道，"不过，我们可别以为逻辑对于人生的关联都是直接的。照我看，逻辑对于人生的关联，间接的时候多，可是，我们不要因其关联多为间接而轻忽它。在一长远历程中，越是间接的东西，其作用越大。……塔尔斯基教授把逻辑与人生的关联说得够明白。"吴先生拿起塔尔斯基的书译道，"显然得很，逻辑的未来正如一切其他理论科学一样，根本需要人类有一个正常的政治和社会关系，这些因素不是学者专家们所能控制的。我并不幻想逻辑思想的发展在使人与人之间的关系正常化的历程中有什么特殊重要的影响，但是我深信，将逻辑知识广为传播，可以帮着加速人与人间的关系之正常化。因为，在一方面，逻辑在其自己的领域里把概念的意义弄精确和一律，并且强调概念的意义之精确和一律在任何其他领域中的重要作用。借此，逻辑可以使愿意这样做的人之间获致较佳的了解。在另一方面，逻辑可以使我们的思想工具日趋完备和锋利。我们的思想工具日趋完备和锋利，我们的批评能力就可加强。这样一来，我们也许就不易被一切似是而非的推理所迷误。在我们这个世界上，到处充满着似是而非的推理，而且是时时不断地发生。""嗯！……"老教授译完塔尔斯基的话，轻轻舒了一口气，"二位觉得逻辑是人生必要的学问吗？"

"的确是很必要的。"周文璞说。

"我们听讲了这么多次，对于逻辑找到了一个门径，并且得到不少的训练。您真花了不少的时间和气力。"王蕴理说。

"哦!那不要紧。希望二位把我所说的作为出发点,再向前深究。"

"一定的,谢谢。"周文璞说。

王蕴理起身道:"希望以后有机会多多赐教。"

"好的,不妨多多讨论。"

怎样判别是非

前言

　　这本小册子里所说的"是"与"非"将严格地以真、假、对、错为基础。它们是建立在逻辑和经验之上的概念。

　　这本小册子里所用的语言主要是通常语言。这本小册子里的讨论因而也只是非正式的讨论。

　　这本小册子虽说是为青年而写的，但是著者所谓"青年"不以生理年龄计算，而是以心理的成熟程度计算的。凡犯第一章所说毛病的，都是青年，甚至是童年。

　　这本小册子不是写给人消遣的。如果有的地方写得不够详明而又不具体，那是为了使读者自己多费点脑筋思考思考。

第一章 种种谬误

我们人的天性大致总是追求良好的生活。良好的生活是真善美的生活。我们要求真善美的生活之实现，必须拿"真"来做底子。固然，有了真，不必就会有善和美。但是，没有真，善和美根本无从谈起。至少，真可以帮助善和美之实现。所以，真理是良好的生活之必要条件。然而，不幸得很，真理是非常娇嫩的东西。真理很不容易得到，但很容易丧失。古往今来，只有极少数人在极少数的时间以内逼近着真理。最大多数人在他们最大多数的时间以内过着受神话、传说、权威、禁制（taboo）、口号、标语、主义（ism）、偏见、宣传、习俗、风尚、情绪等力量支配的生活。而这些力量常常穿上"真理"的伪装出现。不知者以为这些力量的确是真理，并且常常持之甚坚的样子，甚至不惜粉身碎骨来维护或求其实现。其实，这些以"真理"的伪装出现的力量，不必即是真理。力量不能制造真理。在较多的情形之下，力量去真理甚远。在知识丰富和神志清明的人看来，那为维护或实现这些力量而粉身碎骨的人众，并不比扑灯的飞蛾高明多少。

理未易明！

之所以如此，因为人有人的短处（human frailties）。我们从希腊神话中可以看出对人的短处之描写。然而，稍加观察及反思，我们就可知道希腊神话所描写的人的短处远不及实际中所有的多。我们在此不能一一将这些短处提到，也不必一一提到。我们现在所要指陈的，是大家容易触犯而又容易被人利用的若干短处。这些短处在传统逻辑中叫作谬误（fallacies）。

一　诉诸群众

有一种论辩的方式是诉诸群众的论式（argumentum ad populum）。这种论式就是假定了"多数乃真理的标准"：多数人赞同的说法即是真理，多数人不赞同的说法便不是真理。这也就是说，一个说法是否为真，不取决于论证，只取决于多数。

"多数"是一个函数。这也就是说：对于某项说法，多数人是否赞同，常系出于被动。构成"多数"的，至少有两类的因素：

一、既成的风俗习惯或大家已经接受了的说教之类的东西。这一类的东西我们叫作"心理的置境"（psychological collocation）。这类心理的置境，是我们所在的社会及传统给我们长年铸造成的。铸造成了以后，就成为我们心理生活之底子，或心理生活之一部分甚至大部分。这类心理置境既经铸成以后，就占据了我们的心理田地，代我们做主。而在我们之中最大多数人对于这位主人对我们所起的支配作用简直无有自觉，而是视为固常，或习而不察，甚至自幼至死都不觉其存在。可是，如果有与它刚好相反的因素刺激我们，那么这位主人翁便作起怪来，常使我们勃然大怒[1]、面红耳赤、头冒青筋。五六十年前，假若中国穷乡僻壤里忽然有一个女孩子对她母亲说缠小脚妨害身体健康，她母亲一定怒目横眉，大加训斥。同时，假若这位小姐不愿嫁给凭媒妁之言许配的男子，而要同自己的意中人结婚，那么她的老太爷一定大发雷霆之怒，斥为大逆不道。这些事情，在五六十年以后的我们看得明明白白，并不是有什么"道理"，不过是一点风俗习惯在他们脑中作怪而已。安知夫我们今日以为大不了的某些事在若干年后提起来不过是谈笑之资？人，就是这么一种有趣的动物！

二、临时被激动的情绪。这一种因素与前一种因素有密切的关联，但是并非一回事。前一种因素是透过各式各样人的建构（human institutions）而产生的。这里所谓人的建构包括教育、熏习、宗法、礼制等。临时被激动的情绪则比较赤裸裸。如果人有所谓"人性"，那么人性中有喜怒哀乐。喜怒哀乐是可以用心理技术激起的。

上述一、二两种因素相互影响，也可以在一种精巧的设计之下被导向一定的方向。广告家、宣传家、革命的煽动家都是个中能手。导演群众心理使之发生所期望的效应，这种技术叫作"心理工程"（psycho-engineering）。在现代生活中，心理工程的应用很广。在心理工程的应用之下，同一社群、传统和情境之下的人，恒能发生统计多数的同一心理效应。不过，在不同的国邦和社群里，心理工程应用之基本目标常不相同。在民主国邦和社会里，导演群众心理效应的心理工程常用于竞选和推销商品；在落后地区，常用以制造革命；在极权地区，多用于造成清一色的政治行为。

1.1959年初版本作："那么这位主人常使我们勃然大怒"。——原编注

诉诸多数这一办法并非在一切情形之下不可行。但是，可行不可行，必须分清问题。换句话说，诉诸多数这一办法可行或不可行，须视问题的性质而定。凡无关知识上真假对错之判断而只有关人众的意向或利害的问题，可以或必须诉诸多数。凡有关知识上真假对错之判断而无关人众的意向或利害的问题，不可诉诸多数。例如，在一个饭厅里，究竟吃馒头还是吃饭，这两种意见相持不下时，最好是诉诸多数以求解决。但是，是否日绕地球、二加二是否等于四，这类问题不可诉诸多数人以求解决。人数的多少与这类问题之正确的解决，毫不相干。我们总不能说，多数人认为日绕地球，真的就日绕地球。在伽利略（G.Galileo[1]）以前，几乎所有的人认为日绕地球。其实，日并不绕地球。现在我们知道在伽利略以前几乎所有的人都弄错了。人数的多寡不能决定真理。一万个三轮车夫的物理学知识合起来抵不过一个爱因斯坦。

但是，近几十年来，群众煽动家、极权地区的群众玩弄者，则有意地将真假问题和利害问题混为一谈。他们常常不分青红皂白地将真假问题诉诸多数。这么一来，是非就乱了。是非一乱，有人就好趁浑水摸鱼。近几十年来，世界有若干地区就陷入这种局面之中。在古代，恺撒被刺时安东尼的演说词是诉诸群众很著名的例子。在现代，所谓"交付人民审判"堪称诉诸群众的代表作。我们知道，一个人是否犯罪，有而且只有依据法律和事实的证据才能定夺，不能说大家一口咬定他有罪就是有罪。然而，主持"交付人民审判"者则利用"大家一口咬定他有罪"的办法来判定被审者有罪。这是诉诸群众的论式之最恶毒的实例。凡借制造群众声威以压倒异己者

---

1. 应作"Galileo Galilei"。——原编注

都是犯了这一谬误。这一谬误不除，是非真妄即不得显露，人间也难望获致太平。

二　诉诸权威

在论辩时，利用一般人畏惧或崇拜权威的心理，引用权威之言来压倒对方，比如动不动搬出什么什么"大人物说"，这种论辩的方式，[1]就是诉诸权威的论式。

权威的范围有大有小。权威的引用有合于范围及不合于范围之分别。[2]

近几十年来，出现了一种"至大无外"的权威。任何一个人，只要是借军事暴力而攫夺了政权，他不仅立刻变成政治权威和军事权威，而且立刻变成哲学权威、科学权威、文学权威……

从人类社会发展的历程和心理因素观察，权威崇拜在实际上无可避免。无论是个人还是人类，总不能一下子就成熟，难免要经过初民心理（primitive psychology）的阶段。初民看见自然界的迅雷疾风，海啸山崩之不可移易、变幻莫测，由畏惧而发生权威崇拜。在人间，初民心理者对于体躯特别高大和体力过人者，对于善行驱鬼治病之巫术家，由敬畏和神秘感而凝成权威崇拜。远在有史以前人类就受这类原始性的力量所统治。这类原始性的力量，并不因人类文明的进步而完全消失。在极权地区，"巨人"之塑造、所谓"伟

---

1. 1959年初版本作："引用权威之言来压倒对方，这种论辩的方式……"——原编注
2. 1959年初版本作："权威的引用有合于范围及不合于范围。"——原编注

大领袖"之膜拜，是以这类原始性的力量作一方面的原料。[1]

个人和人类既不能一下子成熟，于是从保持与安定社会着眼，权威又不可全无。自觉是雄才大略的人往往厌恶既成的权威。这也许是因为他自觉地或未自觉地要"彼可取而代也"。这类的人很不高兴权威压顶，所以反权威的心理倾向特强。胆识过人者也不需权威来监护，因为这种人有自己的看法和主张，所以这种人生来就是权威之漠视者。但是，社会中的人并不都是这类分子。无胆无识者比比皆是，不以雄才大略自况的中年人更多。对于这类人而言，权威确是靠山。权威可以使他们得到安全感。权威可以医治他们的自卑感。他们一旦拥有一个"伟大的首领"而又自以为与这个首领是一体的时候，自己便觉得光荣无上，也觉得有了权威而吐气扬眉。

从知识的传授和学术的建构方面着想，权威可以说是一必要之恶（a necessary evil）。很少人能够独立思想，独立判断，独立研究。最多数的人有待引导，并且必须找一个标准来遵循。有些问题不能解决而亟须解决时必须有一个仲裁。在这些要求之下，权威常常出来作真理的替身或代用品。在学术水平高、学术建构稳固，而且学术研究上了轨道的社会，这种替身或代用品常能发生诱导真正货色出现的良好作用。有而且只有在这一境遇满足了的条件之下，权威才是必要的。过此必要，权威常发生反作用，因此便成一恶。权威成为一恶的情形很多，我们现在只列举最显然易见的说说。

第一，即使在学术水平高、学术建构稳固，而且学术研究上了轨道的社会，如果对于权威的引用超过必需的限度，如果尊重权威

---

[1] 1959年初版本作："在极权地区，'巨人'之塑造，以这类原始性的力量作一方面的原料。"——原编注

超过尊重新的发现，如果只以权威为根据不以经验事实为根据，如果为保持权威而行使权威而不是为维护既有学术成就而行使权威，那么权威之存在与行使，适足以阻碍学术的进步。中世纪士林派的权威颇有这种嫌疑。亚里士多德的权威演到后来也发生阻碍学术进步的结果。几乎所有历史上的大人物和传世的经典都产生这种结果。时间一久，人一习惯，权威就难免凝固。权威一经凝固，就变成阻滞学术思想进步的顽石。把权威调整到一最适点线（optimum）上，是一件很需有刷新能力而非破坏的工作。能够从事这种工作的社会即是一个常新而且健进不已的社会。

第二，如果一个社会的学术水平不高，学术建构未稳固，而且学术研究未上轨道，那么根本没有借学术贡献而建立起来的权威可言。在这样的社会里，如果尚有学术权威，那么，不是从别的社会移置来的，便是纯靠建构撑架起来的。纯靠建构撑架起来的权威，只有空虚的形式而无实际的内容。这样的权威完全是建构的副产品。这样的副产品不能作真理知识的替身或代用品。它本身只是一种盲目的装饰品而已。这样的权威不仅无所维护、无所稳定，而且徒徒对社会发生腐蚀的作用。

在同一范围以内权威之必须节制已如上述。在不同范围以内引用权威便是胡闹。爱因斯坦对于物理问题的发言之可靠性很高，至于政治问题则大可不必去请教他。如果说一个人因有政治权力而在一切方面都是权威，那么这样的人是可媲美上帝的。

时至今日，科学的分工很细。科学的分工愈细，权威的范围愈益缩小。

目前我们已经步入一个权威的多元时代。

三 诉诸暴力

当我们要别人接受我们的结论或主张时，我们提不出相干的论据而拿暴力或借暴力来威胁对方，强迫他接受我们的结论或主张，这种办法就是诉诸暴力。

中国俗话有所谓"秀才遇着兵，有理讲不清"。西方有一句谚语说"力量做成正理"（might makes right）。这些话都是诉诸暴力的注脚。

在最多数的情形之下，真理与暴力是不兼容的。暴力之狼从大门闯进来，真理的小鸟就从窗户溜走了。求真理的心理状态与用暴力的心理状态是常相扞格的。求真理的心理状态是客观的、冷静的；用暴力的心理状态是主观的、激情的。

不幸得很，人类依然没有脱离诉诸暴力的阶段。诉诸暴力的原始野蛮性质依然在人间流行。世界许多地区的人民依然处于暴力统治之下。

暴力的出现与运用有许许多多形态。暴力的出现与运用有直接的，有间接的；有未建构化的，有建构化了的（institutionalized）。

暴力的出现与运用如果是直接的，那么它的效力相对小，它所产生的影响也相对薄弱。一个人拿体力来直接加诸对方以支持自己的结论或主张，即令奏效，也只止于对方一人而已。即使他能拿武器来做这一件事，效力也仅止于武器的有效射程以内。无论怎样，他不能不吃不喝不睡觉不舍昼夜地从事这件"神圣"工作。万一他要吃要喝要睡觉或患一场小病而手一松时，他就不能运用暴力，于是人也就不怕他。他一不被人所怕，他的所谓"道理"也者，也就很平常了。

暴力的出现与运用如果是间接的，那么常扩大为威胁。威胁的效力与影响远大于直接使用暴力。威胁的力量之核心当然还是体力或其他物理力量。不过，这种体力或物理力量并未直接使用，而是摆出随时可以使用的姿态。这一姿态使感觉到的人产生预支的恐怖心理。这种体力或物理力量一与预支的恐怖心理化合，就成为威胁。威胁既经构成，则在威胁圈内，无时无地不弥漫着威胁。在威胁弥漫着的势力范围以内，自然没有什么理好讲。

威胁可以说是直接的暴力借恐怖心理所产生的利息。如果直接的暴力所产生的直接效力为 n，那么威胁所产生的效力为 n+1。这多出的利息完全系由我们本身所有的恐怖情绪产生的。如果没有恐怖情绪，那么根本无威胁可言。……威胁作用，靠着现代心战技术，如果运用得宜，使别人把它一点点有限的实力看成很大的力量，那么真可谓"一本万利"。在动物界中，眼镜蛇的一副尊容颇合于这一原则。

未经建构的暴力所产生的效力范围既不能大又不能持久。因为，未经建构的暴力毫无文饰，其为不当使用也，几乎尽人皆知。未经建构的暴力与罗素所说"赤裸裸的权力"（naked power）类似。没有借任何标语口号来杀人越货的土匪是未经建构的暴力。从前的北洋军阀和四川军阀几乎是未经建构的暴力。美国未开国以前杀人的红印第安人也是几乎未经建构的暴力。

不过，人类自有文明以来，纯然没有建构化的暴力并不太多。一般而论，大规模的暴力总是经过建构化的，问题在于建构程度之高下和技术之巧拙有别。在较多的情形之下，比较持久而又规模巨大的暴力系以某种建构为其组成条件。古代流寇打起杏黄旗子说"替天行道"就是一种建构，有了这一建构，他们的结合可以比较坚固，杀人可以杀得理直气壮，因为"替天行道"是一崇高政治伦理建构之下的产品。他们的暴力一与这一崇高的产品结合，暴力也就崇高了。不幸得很，人类的原始野性并未基本地随着文明建构的进步而消失。这犹之乎理发店虽多而胡须还是要长一样。在许许多多情形之下，文明建构成为原始野性的纱面。此点于暴力尤然。我们可以把这一点作更进一步的观察。

中国历代新王朝的建立常从借武力推翻前一朝代开始。前一朝代结束以后，新朝工作的中心就是将它的暴力建构化。儒生之制"朝仪"即其一端。成功了的暴力运用者被称为"天子"，被颂为"圣明神武"，被赞为"顺天应人"……这简直成了一套公式。借着这一套公式，暴力被深藏于层层文饰之中。日子久了，大家习惯了，只看见表面的文饰，忘记了骨子里的暴力，于是视借暴力而形成的局面为当然。而暴力之临民也，常在文饰的建构之掩饰中行之。于是，一般人视暴力之凌虐为理之固常。"君要臣死，臣不得不死。"反对君主，乃不可想象之事。君主之言，纵极尽荒谬之能事，也被认为是"圣言"。暴力借着建构常可以稳固而维持得颇久。

近代的几个革命乃借暴力夺取政权之显明的例证。这种暴力之建构化的形态以或少或多的程度与君主专制的暴力建构化的形态不相同。革命暴力的建构化常以新形态出现：讲"革命纪律"，讲一个意识形态或意理之下的"教育"，讲"全体主义"，讲"万能政府"，讲"二分法"，讲"一元主义"……这些东西足以把一般人的头脑套住，使一般人的心思在其中打圈子，于是视由暴力而撑起的革命权力为无上的"唯一真理"。这种暴力之被建构掩饰，更不是一般人看得穿的。所以，一般人为这类建构的花样所迷。其实，花样无论怎样多，最后的基础总是暴力。有时，花样玩穷，水落石出，暴力的真相露出。匈牙利事件为我们提供了最触目惊心的例证。这一例证告诉我们,建立在暴力之上的论证都是插在枪口的花朵。花朵吹落了,枪口就露在大家眼前。

专制暴力好似"远年花雕";"革命"暴力则像一罐茅台烈酒。前者较有历史性;后者是雨后之花。前者喝到嘴里温和一点;后者则辣嘴。可是,二者无论怎样不同,都是问不得老底子的。假若有人盘问老底子,最后的暴力就临头。二者各自可以说出许许多多"道理",但暴力是最后的论据。你要在这样的范围里讲理,就等于在擂台上讲理。从讲理的观点来说,专制体制和"革命"体制都是大武教场。借"革命"而起家者在骨子里常是唯力是视的。霍普金斯(Harry Hopkins)吐露一项消息。第二次世界大战期间三巨头开雅尔塔会议时,丘吉尔说梵蒂冈教皇提议应该采取何种何种行动。斯大林不予同意。他问丘吉尔:"你说教皇在战事中能提供多少师军队?"这也就是说,没有实力是不配发言的。在暴政之下,人民更是如此。

凡诉诸暴力都是不讲理的。托马斯·潘恩(Thomas Paine)发表了《人的权利》(*Rights of Man*)一书,英国政府要惩治他,他逃往法国。一七九二年举行叛国审判。他的辩护律师是厄斯金(Erskine)。厄斯金申辩道:"压制就产生反抗。谁要采用压制手段的话,这就确切地证明道理不在他那一边。各位先生!你们都应记住卢西安(Lucian)的有趣故事:有一天朱庇特(Jupiter)同一个乡下人散步,朱庇特以很随便而和气的态度同乡下人谈着关于天和地的问题。当朱庇特努力用语言说服乡下人时,他总是注意倾听并且表示同意。但是,如果稍示怀疑,朱庇特便立刻转过身来,并且搬动天雷来威胁。在这种情形之下,乡下人就笑着说:'啊哈!朱庇特,现在我知道你是错了。当你搬动武器时，你一定错了。'我现在所处的情况正是如此。我可以和英国人论理，但是我不能与权威的巨雷斗仗。"

在任何情形之下，我们不能拿真理为巨棒服务。

四 诉诸怜惜

在进行辩论时，或提出主张时，不列举相干的论证而只通过怜惜之情以使人接受我们的结论或主张，这种办法就是动人怜惜的论式。

动人怜惜的形式很多。有的一望而知其荒谬可笑，有的则似乎神圣有理。动人怜惜时所举理由如果有社会传统或群众心理的背景，那么奏效更大。在这种情形之下，如果有人指出其逻辑的不相干，就会犯众怒，就会伤感情。

如果有一个青年杀了人，依法当判处死刑。在这个时分，如果有人说他有老母在堂，他平时事母至孝，若将其处死，必无人奉养，情至可悯。这一路的说辞，在重孝的社会传统里，很易博得同情，而可获减免。其实，在稍有逻辑训练的人看来，事母至孝与否，和犯杀人罪应否处死，二者各在不同的层界，毫不相干。事母至孝与否，乃伦理界的问题。犯杀人罪应否处死，乃法律范围的问题，二者不可混为一谈。某青年既然犯了杀人罪，无论他事母孝或不孝，依法当处死刑那就处以死刑。即令他真的事母至孝，也不是减免之理由。

当一群人对现在无知、对未来迷茫时，他们便向已逝的过去乞怜。他们抬出过去的光荣和过去的事物，借唤起人们对于过去的光荣和事物之惜爱来维持现在。这也是诉诸怜惜的形式之一。这一形式好像常常蒙上一层神圣而崇高的色彩。没有人可以指出这一办法之无用。好像一经指出，就是违逆家谱的神圣。其实，抱着祖宗的灵牌何能解决后人的困难？过去的事物是否等于现在的成就？已逝的光荣又怎样能替今日壮气？

人常将不相干的事物当作相干的事物。

五　人身攻击

与人对辩时，撇开问题的本身不谈，转而从对辩者人身方面的因素着眼施以攻击，以冀取胜，这种办法就是人身攻击。

人身攻击有两种形式。第一种形式最野蛮，另一种形式比较文明。

第一种形式系借予对方以侮辱来博取大众同情来战胜对方。在施行人身攻击时，常不谈问题，只说对方的人格如何如何坏、操守如何如何糟，[1]使第三者不相信他的话，而相信自己的话。人身攻击所用数据，并不一定，可视环境而定。只要是大家已经接受了的标准，提出并加诸论敌之头而足以使听众接受于是而使对方陷于窘境甚至失败之地步者，都可被援用。大致分别起来，人身攻击的标准可分两类：一类是传统伦理性的，另一类是时代政治性的。在传统伦理标准尚为某一社会所公认时，我们说某一论敌违反这些标准，即很易引起听众愤怒，而置其所言于不顾，于是我们很容易赢得胜利。可惜这种胜利是貌似的胜利。例如，我们宣称对方"无气节""寡廉鲜耻"，在中国社会里可以得到一低限度的喝彩。于是，对方说

---

1. 1959年初版本作："只说对方的人格如何如何，操守如何如何……"——原编注

得无论怎样合于真理，也少有人听他的了。[1]其实，他有气节或无气节、寡廉鲜耻或不寡廉鲜耻，与他所说的话是否为真理毫不相干，我们却以为相干。我们认为一个人在道德上站不住脚，其余便无足观。之所以如此，系因为我们长期受泛道德主义（pan-moralism）所习染。人固然不可不讲道德，但是不可为泛道德主义所蔽。一为泛道德主义所蔽，是非真妄的认知就不能抬头。是非真妄的认知不能抬头，科学就不能发展。科学不能发展，在当今之世是不能活下去的，至少不能独立活下去。

同是伦理标准也有地域与时代之不同。虽然不同的地域和时代的伦理标准可有共同之处，而且提出来可以引起大家的共鸣因而收打击对方之效，但是，这种普天之下共同的伦理标准所收刺激情感之效往往颇为稀薄。收效较大的伦理标准往往是地域性和一时性的，尤其是与风俗习惯搅混在一起的。

时代之不同可使伦理标准的效用不同。在五六十年前，如果我们宣称我们的论敌"忤逆不孝"，那么马上可以引起大众对他不满，于是也就听不进他的话。可是，在今日我们要再拿这一类的话来攻击人，就引不起大家太大的反感。这并不是说今日的人反孝，而是说伦理观念在蜕变中。

政治性的标准更因时因地而不同。……这些情形，在一时一地看起来仿佛严重得不得了。然而，在后世史家看来，只是过眼浮云而已。

人身攻击的第二种形式是利用对方所站的人身立场以攻击对方

1.1959年初版本作："对方说得无论怎样天花乱坠，也少有人听他的了。"——原编注

的立论。假若对方是个和尚,他主张扔原子弹者处以死刑。反对的人可能会说:"你是和尚。和尚是戒杀生的。所以你不应主张杀扔原子弹的人。"其实,和尚戒杀生是有条件的。如果有人以杀人为专门职业,连和尚也要杀,那么和尚是否将"戒杀生"之说应用到该人头上呢?一个人的立场与某项主张不必有必然的关联。

一个人的言论正确与否,和他的品格之好坏不相干,和他的政治立场尤其毫不相干。古人说:"不以人废言,不以言举人。"一个人格很好的人可能说错话。一个人格很糟的人可能说正确的话。我们的朋友可能判断错误。我们的仇人可能有真知灼见。不问人身,只问是非,人间才可减少无谓的纷争。

六 以自我为中心

限于自己的观念圈子,而不知尚有一外在世界,依此观念圈子所作的论断叫作自我中心的论断(ego-centric predicament)。[1]

在一适当范围以内,自我肯定本系生物存在之所必需。但是,过了适当的范围,自我肯定又与自我恋(narcissism)的种种形式结合,便成一种病症。生活在这种病症里的人,只知有己,不知有人;在自我封锁的观念世界里,把自己幻化得不同凡响,而鄙视属于他人的一切。这种想法常常穿上哲学的法衣。

这里所谓的"自我"可以扩大。它可以是我一个人,可以是我所出生的乡村,可以是我所在的社群,可以是我所在的学校,可以是我所在的国邦,可以是我所在的文化背景……"自我"在这些范

---

[1]. "自我中心的论断"应作"自我中心的困境"。——原编注

围里扩大时，极易与"团体意识"化合。于是，"我"所在的团体总是最好的。碰到团体以外的人直率地批评我所在的团体有何弊端时，我总是不问青红皂白，不怡于色。于是，我与人之间竖立起一座心理铁幕。当然，这座心理铁幕正是许多人所需要的。

乡间的老太婆有的终身足步不出一乡。她们总以为她乡间的鸡是世界最美丽的，自己养的猪是最肥的，门前的山是最高的……我们听到这种"言论"，往往好笑，觉得她"孤陋寡闻"。但是，我们也得检查检查我们自己，看看我们自己有否类似的论断。"文章是自己的好"，可见从前中国文人中自我恋的为数并不在少。以自我为中心，乃一般人容易发生的心理倾向。有了以自我为中心的心理倾向而未自觉时，许许多多其他论断便易以之为基础而累积起来。这种累积在许多人是年深日久、毫不自觉的。也许，饱学之士可以将这种累积文饰得冠冕堂皇。但是，追到最后，其起点不过是一点"以自我为中心的论断"而已。

这种自然的心理倾向很易被人有计划地加以深刻化和扩大化，而达到种种实际的目标。第二次世界大战以前的日本教育里就含有很深的自我中心论断。日本教育者们对下一代说日本很大，天皇至上，大和民族最了不起。苏俄政府说无线电报是俄国人发明的。希特勒高唱"种族优越论"，他对德国人说日耳曼民族是世界最"优秀"的民族。伊拉克人说世界最古的文化在伊拉克……言之者神气活现，听之者唯唯诺诺，觉得面上顿时增了三分光彩，浑身立刻舒服。

除了夸大狂，没落的世族也喜欢这一套。因为这一套可以充实眼前的怆凉，自卑者可以之聊以自慰，前途迷茫者可以之自我陶醉。自我陶醉确为如梦人生之所必需，但是可惜不能拿来面对现实。当我们亟须护短时，这一套尤为不可少的恩物。

罗素说："我们所有的人，无论是来自世界任何部分，都相信我们自己的民族优于别的民族。其实，每一个民族都有其特具的优点和缺点。究竟哪一个民族最优秀，有理性的人会承认这样的一个问题是不能有显然正确的答案的。"

这一段话既不是出于狂热之情，也不是出于自卑之感，而是出于观察客观事实的判断。大家都承认这一事实，对于自己不须施行蒙蔽，对于他人又好相处。显然，在这个地球上，大部分人还处于一个原始的阶段。要大家能接受罗素的看法，还得有待科学教育的展进和普及。

七 过分简单

真正有所说明的道理，无论就衍发的程序说，或是就形制的手术说，很少是简单的。真正能解决实际问题的方案，也很少是简单的。经得起长期考验的真理，大多是学人长期研究的结果。这类结果之衍发常常是经历了复杂的程序，而且其建构也是复杂的。学人得来既然如此不易，我们门外汉自然不能希望了解于一夕之间。关于真正能解决实际问题的方案，尤其如此。我们要制定解决实际问题的方案，在一方面必须针对问题动用一切相干的知识和技术，在另一方面必须对于该问题具有丰富经验的了解。这样的方案制成以后，如果要付诸实施，还得以尝试的态度一点一滴去做，看这一方案是否在经验中可行。

但是，对于这样复杂的程序和建构，一般人感到不耐烦。一般人所喜欢的，是简单的确定（simple certainty）。他们爱的是万灵丹。有此一丹，可治百病。他们不耐烦一砖一石地建造罗马。他们希望天国于一夜之间降临人间。这种过分喜好简单而又急切的心情，是一般人的一种通病。一般人既有此通病，自然很易被导向特殊的目标。大家喜好简单而又急切，于是口号、标语、主义、教条、理想……大量应市。然而，这些廉价的商品被证明老是没有实用价值时，跟着来的便是失望、幻灭、沮丧。

心灵成熟的人知道真理是辛勤的产品。激动群众心理的东西不一定是真理。真理不一定能惊世骇俗。要能获致真理和解决问题，只有切实用脑用手从事研究科学。

（此章略有删节）

第二章　了解科学

提到科学，不免误会丛生。基于这些误会，许多人从正面或从侧面反对科学，或者直接或间接地打击科学。虽然这些人对于科学毫无所知，但是他们之所以发生这么大的勇气，主要的原因系科学的结论有损于其尊严，动摇其无限的信念，打消其如意算盘（wishful thinking），拆穿一切社会神话（social myth）。这些结果不是有伤若干人的情感，就是损害他们的利益。当人的情感和利益被伤害时，他们自然会发生一股勇气来消灭伤害之源。然而，这种反对无论具何文饰，只是原始本能冲动的表现而已。时至今日，如前所述，不懂科学的人根本不能独立生存。他们不能得到合于水平的衣、食、住、行、医药，更没有自卫的力量。所以，时至今日，反对科学无疑是自杀的行为。人们要能免于人为的淘汰而且良好地生活下去，就必须研究科学。研究科学不是枝枝节节的，而是首先必须对科学有一个正确的了解，善于运用科学方法。有了这一方面的认识和训练，然后再究习科学技术，才不是汲取无源之水。

关于科学的误解，费格尔（H.Feigl）曾有比较详细的论列和疏导。我们现在的讨论主要以他所说的为根据或引线。

一、有些人士,特别是些传统主义者,认为科学不能确立人的事务之基础。之所以如此,因为科学的本身是不稳定的。科学的知识常常在变动之中。本身不稳定的东西显然是不能拿来作其他事物之基础的。

从科学史上考察,我们可以看出科学确乎常在变动之中。科学中之严格者如物理学也不能一成不变。物理学的变动不仅是枝节的,有时甚至是基本观念的。其他严格程度较低的科学,更无论矣。不过,如果这种变动使科学更逼近于"实在",那么比之不更逼近于"实在",是否更能作确立人的事务之基础呢?

说科学不够稳定的人往往以为知识的确定性别有来源,而且这种来源在性质上与科学不同。例如,先验,或综合的先验,等等。这种想法是经不起严格考验的。所谓的"先验的知识",就是不靠感觉经验而成立的知识。这类的"知识",照现在解析起来,无一不是约定俗成之结果。所以,这类"知识"的确定性是约定的确定性。离开了约定,无确定性可言。离开了约定而求知识的确定性,即令不是幼稚的行为,也是思想尚未成熟的表现。关于经验的知识,没有必然可言,只有盖然可言。盖然有程度之大小。从逻辑的眼光来看,我们要获致经验的知识,只能借试行错误(trial and error)来摸索。数理的演算,以及观察和实验的技术,只是帮助摸索的工具而已。我们并不知道整个宇宙的图像及其发展的归趋。自称知道整个宇宙的图像及其发展的归趋者,无一不是玄学的妄人。

二、有些人说,科学不过全然起于实用的需要,因此科学的唯一价值,只是满足这些需要而已。

这种说法即使并非不合事实,但非全部事实。诚然,实用的需要刺激科学的研究。然而,科学的真理之获致,必须完全独立于实用需要的考虑。[1] 稍有这种考虑，科学真理之获致便会蒙受不利的影响。

科学对人类的影响，除满足实用的需要，更重要的是态度与方法。科学提供我们比较可靠的看事看人的态度与方法。科学的态度与方法，和迷信、社会神话、义理，以及形上学这一类的东西对照起来，它给人的影响、意义更远较技术的成就为大。迷信、义理和社会神话这一类的东西，常能给人以情绪上的高度满足，并凝固人的偏执之见，因而也常引起人疯狂的冲突，或对他人的疯狂迫害。历来的信条战争，或异教迫害，都是因此引起的。如果我们本着科学的态度和方法来看人看事，结果不致如此乖谬。自然人类学（physical anthropology）不支持任何种族优越论。费希特（Fichte）说德国人是"我"，法国人是"非我"。除了他自己奇奇怪怪的形上学，没有任何科学命辞支持这种奇奇怪怪的说法。黑格尔和马克思这一丘之貉[2]说，历史的发展循正反合的途径。没有任何科学告诉我们究竟什么是"正"，究竟什么是"反"，究竟什么是"合"。没有任何科学能证明世界历史的发展是"合"于德意志人，正犹之乎没有任何科学能够证明世界历史的发展是"合"于某种制度。有而且只有科学才能帮助我们洗涤这些情感的染色，人类才可认知于一少颜色的共同的经验世界里。人类认知于一少颜色的共同的经验世界里，无谓的纠纷才能减少。

也许有人不以为然。他们很容易地看出，氢弹、钴弹这些杀人利器都是科学研究的结果。所以，他们不能相信科学能减少人间的

---

1. 1959年初版本作："必须完全独立于实用需要的顾虑。稍有这种顾虑……"——原编注
2. 1959年初版本作："一坵之貉"。——原编注

冲突。恰恰相反,由于这些杀人利器之发明,人间的冲突更趋尖锐化,人类愈益濒临毁灭的边沿。而这些杀人利器都是科学研究的成果。所以,科学越发达,人类自我毁灭的危机越深刻化。

这种说法根本是由于"科学"一词用法之不慎所引起的。当这些人用"科学"一词时,所指谓的是科学的技术层面。如果他们所说的"科学"与"科学的技术层面"同义,那么上列论断是正确的。但是,科学最基本的部分不是技术,而是科学的态度、科学的方法,以及科学的理论。如果他们所说的"科学"包括科学之这些基本的部分,那么上列论断是不能成立的。

在事实上,许许多多人在根本心理状态上是迷信的、义理的、社会神话式的、形上学的,在手段上却采取科学技术。这就是最文明的工具被操纵于最野蛮的头脑。这种情形与叫猴子拿手枪颇相似。这样闯出来的祸,科学怎能负责?[1]

我们如果要减少人间的祸患,不可迷信其头脑而科学其双手,而必须在根本心理上采取科学的态度和方法来看人看事,在手段上采取科学技术来对人对事。这样彻头彻尾地采用科学,而不是玄学其首科学其尾,人们才可望和平相处。

三、有些人说,科学建立于没有经过批评的预先假设(presuppositions)之上。科学是靠科学自己的标准来证明科学的看法。所以,我们如果用科学方法来解决知识问题并且决定行为方向,那便陷于循环论证的谬误。

现代哲学解析的功能之一乃厘清科学的基本假设,并批评其方法。科学的哲学之兴起,更是严格地批评科学的基本假设。科学的

1.1959年初版本作:"科学是不能负责的。"——原编注

哲学家将这一类的工作成就用来扫除科学理论构造中隐藏的独断之见和形上学的成分，并且建立科学之纯净的理论架构。这种工作自马赫（Mach）、庞加莱（Poincaré）、希尔伯特以来，进行得很有成果。借着逻辑解析的方法我们可以知道，科学方法是能够产生比较可靠的知识之唯一的方法。至于神学、形上学、神秘主义、直觉和辩证法这一路的东西，显然都与科学方法大相径庭。这一路的东西也许能满足人别方面的需要，但不能借以获得认知的知识（cognitive knowledge）。如果有人一定说这一路的东西对于人类之认知的知识有何贡献的话，那么这样的贡献有而且只有借通常的科学方法来考验和鉴定。严格地说，不经由科学方法，即无认知的知识可言。一般来说，这些东西的根本目标似乎不在制造知识或认知的知识，而是像艺术一样，在于充实我们的经验内容，或者充实我们的心灵生活。当然，在这些东西之中，有许多是反科学的（anti-scientific），不过，另外有些则无所谓反科学或不反科学，而是科学以外的（extra-scientific）东西。反科学的东西常有害于人生。科学以外的东西之存在，则未尝不可使人生的内容丰富。

人生本来是一个大杂烩，仅仅科学一样是不够的。人生需要五味调和。

四、有人说，科学的定理定律不尽合于事实。科学往往用削足适履的办法纳事实于其定理定律之内。有时，事实是连续的，科学却把事实说成不连续的。有时事实是不连续的，科学却把它说成连续的。科学所用的方法常为抽象的。有抽象就有舍象。一经抽象与舍象，就是为事实之记述预立型模。这么一来，我们便不能得到有关经验之丰富而繁复的内容。

这种批评的基本错误在把表达（representation）与再造（reproduction）

混为一谈,而且以为科学必须把经验再造出来。无论怎样,科学总得用语言文字、符号、图表等表示出来。这些工具只能用来"表达"事实,并非"再造"事实。我们也不能希望在思想中去"再造"事实。

这种批评隐含着一种无目标的漫言。这也就是说,作这种批评的人要求科学漫无目标地再造事实。如果共相可以无限地逼近殊相,如果语言文字、符号和图表可以穷举实在,那么,在逻辑上,我们没有理由说科学不能逼近地表达实在。但是,这种漫无目标的工作,除非一个人有做上帝的兴趣,似乎是没有人愿意做的。

虽然,经过抽象工作而致科学不必即能再造实在之全体,但是,如果科学的表达在某一层界完善,那么我们可以依之再造实在之某一层界。例如,依照原子理论和公式,我们可以造出原子弹。我们综合地应用好几种科学,可以造出地球卫星。我们也不难依据物理学、化学和气象学的知识制成人造雨……

科学的工作是求发现关于某种事物在某种条件之下可靠的和精确的知识。因此,科学是尽可能地逼近事实之真相。至于连续或不连续,都可用数学方式表示出来,而且只有借现代数学的技术才能表示得适切。

五、有人说,科学只能对付可度量的事物,因此科学易将不能度量的事物"解释掉了"。

性质思想(quality thinking)与定量思想(quantity thinking)乃分别初民与现代人的标记。初民对于事物的感受之最敏锐者为性质差异。初民也容易拿性质差异来范畴万事万物。性质差异中隐含着无穷尽的神秘意含(mystic connotation),于是社会神话与形上学由之衍产而生。

对科学作这种批评者所说"不能度量的事物",意义殊欠明确。

所谓"不能度量的事物",是先天地不能度量,还是在技术上不能度量?如果说"不能度量的事物"是先天地不能度量,那么根据何在?怎样证明?如果说"不能度量的事物"在技术上不能度量,那么就不能证明它在原则上不能度量。在技术上不能度量时,不必在原则上也不能度量。如果X在原则上可以度量,那么在技术上是否可以度量,全视当时当地的技术水准而定。如果某一时期的技术水准不足以度量某一事物X,那么我们没有理由说在日后技术水准进步时我们不能度量它。脑电波、撒谎时的心理之生理的效应等,在从前是被认为不可度量的,现在则可以。

定量思想乃现代文明的标记。有而且只有将研究的题材度量化（quantification）,予以数学的处理,知识的精确程度和互为主观的程度才可增加。当然,这话并不涵蕴科学的题材目前可以完全度量化。这话也不涵蕴统计资料已可当一决定程序（decision procedure）看。不过,无论怎样,度量化乃科学研究应趋的道路。

六、有人说,科学从来不能够"说明"经验现象。科学只能"记述"经验现象。因此,现象以外的实在世界也就非科学之所能及。

把宇宙分作"现象"与"实在"是一种传统的错误。为什么耳之所闻目之所见偏偏不是实在的,而心里所想的形式就一定是实在的呢?为什么是实在的必须是在思议中永恒不变的,而在思议中不是永恒不变的便不是实在的?"现象"和"实在"之划分线又在哪里?何以可感觉的是表面的,而不可感觉的则是在背后的?何以"现象"一定次于"实在"?

这些问题,有一方面是名词之争,而深藏于其间的则为一价值判断:自柏拉图以降,许多人将可观察的东西看得很轻,而将心灵的建构看得很重。当然,浸透于这一价值判断背后的,尚有一情感成分。有人好追求那"永恒不变的世界"。他们把"眼前可变的世界"看作过眼浮云。

从认知的层界着眼,把宇宙分作"现象"和"实在"而又轻重扬抑于其间,根本是毫不相干的举动。要说是"实在的",则凡有的,包括可感觉的及可思议的,都是"实在的"。如果我们要玩弄命名的自由,那么,我们要说凡存在于宇宙之间的都是"虚幻的",我们说感觉世界是"虚幻的",可思议的形式同样是"虚幻的"。科学是认知的活动及其产品。因此,"实在"与"现象"之分,与科学也毫不相干。科学既不研究"实在",也不研究"现象"。它只研究可经验项。没有任何有关经验的学问在科学之上,也没有任何有关经验的学问在科学之下。

作上列批评者所用"说明"一词是很混含而有歧义的。如果所谓"说明"是我们日常语言里所涵蕴的用法,那么科学确乎说明事实。科学将事实命辞从种种定律或理论的臆设里推演出来。至于问有哪些题材或事实在原则上不可能用科学方法来研究,这类问题,严格分析起来,并非一个知识上的问题。这类问题掺杂了情绪和价值成分,也有民俗学的成分。

七、有人说,科学与宗教不相容。这一批评是否为真,要看依什么条件而定。如果宗教代替知识或侵入知识的园地,那么科学与宗教之不兼容,虽无逻辑的理由,在事实上是不易避免的。如果宗教不代替知识或侵入知识的园地,而只在信仰的天地里活动,那么科学与宗教不会狭路相逢。如果二者不狭路相逢,那么无冲突可言。不独二者无冲突可言,而且在生活上可以互为补偿。

从历史观察,宗教与科学之所以发生不愉快的事情,系由于二者都没有守定"分土而治"的原则。这种不必要的浪费,今日已在迅速减少之中。

八、有人说，科学对于现代文明的种种罪恶和失调之处应负责任。科学制造毁灭性的武器，值此机械时代，科学技术之应用造成现代人心理上和生理上的种种病症。因此，人类越进化，道德越堕落。

这种对于科学的批评可以说是最肤浅的、与科学最不相干的。目前世界之所以发生各种各样的罪恶，主要系由政治和经济不适合于大多数人之良好的生存所致。政治和经济为什么不适合于大多数人之良好的生存呢？因为不依照科学之故。除了西方地区，在世界许多地区，政治现况和经济现况中该夹杂着多少不合经验与逻辑的成分：关系于众人祸福的权力要靠流血抢夺。夺得以后操诸极少数人之手。这极少数人借此权力发泄情绪，或实现白昼梦呓，或满足私欲。大家的生活资据被用作对权势屈从的交换条件。教育被当作灌输社会神话的工具。……凡此等等，无一为科学所提供。

科学可以告诉我们什么是真正的人性，因而科学可以告诉我们什么是大家所喜欲的生活。[1]在这一心理的经验基础之流露上，我们知道怎样的政治制度和经济制度才适合大家的良好生活之要求。时至今日，科学家越来越加感到他们必须为使众人能够适当运用科学知识而从事启蒙工作。从前，社群靠大法师、圣人、贤哲之言作生活的指导原则。显然得很，这些人所言已不适用于新的形势，所以社会败象毕露。欲救此弊，必须拿严格的科学知识代替前人的教言。

九、有人说，科学的知识对于真理是中立的，研究纯科学的人居

---

1. 1959年初版本作："因而科学可以告诉我们什么是大家所喜欲的。"——原编注

在象牙塔里。因此，科学家容易对当前的人生切要问题漠不关心。

实际的问题固然可以刺激科学的理论研究，但是，科学的理论研究必须不受实际需要所左右。稍为之所左右，理论便为之歪曲。热心增进人生幸福则是另一件事。二者虽然不是一回事，但并不相冲突。二者不仅不相冲突，而且相辅相成：理论可以用来解决实际问题；实际问题可以刺激理论研究。所不许可的，只是正在做理论研究时，把实际需要的动机直接掺杂进去，影响研究的进行和左右研究的结论。所以，攻击"个人兴趣"，轻视"纯技术观点"，都是无的放矢。

十、有些人说，科学方法在说明、预断并控制物理现象时固然极其成功，可是，在研究有机事实时则成功极少，而科学研究心灵现象和社会现象更无成功的希望。物理科学的方法即使不是唯物主义的，也是机械主义的，因而不免在应用时忽略了或抹杀了许多重要的非物理因素。所以，科学无从说明生命与心灵之复杂的有机现象、有目的之行为，以及突创的演化，等等。

时至今日，许多批评和非难科学者说我们这种重视科学的看法是"科学主义"。的确，有些科学家忽视生命与心灵之复杂的有机现象、有目的之行为，以及突创的演化之特点，而将事情看得太简单。但是，许多第一流的科学家所表现的科学态度则不是如此浮躁的。我们承认，在科学中，尚有许多重大的问题没有解决。但是，我们得问，如果要解决这些问题，除了科学方法，还有什么别的方法呢？时至今日，我们不能相信玄学高于科学，说玄学可以解决科学所不能或尚未解决的问题。我们没有理由说有机与心灵事实在基本上不适于用科学方法来研究。如果有的题材用科学方法都求不到确定的解决，那么我们有充分的理由相信由其他门径更无法解决。

癌症是目前科学家束手无策的病。但是，我们不能相信讲阴阳五行之道可以治癌。

自二十世纪初叶以来，即使在物理学中，"机械主义的"解释方式也已被摈弃。但是，如果所谓"机械式的"解释，系意指寻求一定的定律，那么它依然是一切高级科学所不可少的研究程序。这里所说的高级科学，意指超过那纯然搜集事实阶段而达到广含的解释阶段之科学。所谓有机的整体、目的论，以及突创的演化等，如果可以了解和研究的话，只有借科学方法在通常的经验基础上为之。离开了这二者，我们对之得不到任何客观的知识。

十一、有人说，科学不能决定价值，因为充其量来，科学只能发现世界的真相。但是，就科学的性质说，它从来不能告诉我们应该怎么做。

对于科学的这种挑战，往往来自神学或形上学。形上学家常常以为关于目的与理想问题，不能借科学方法解决，而必须乞助于神的启示、良心的呼唤，或是形上学的先验真理。

对于这种挑战，我们的回答是：即使科学不是或不可能是伦理价值决定之充足而又必要的条件，至少也是必要的条件。这也就是说，我们要做伦理价值决定，必须在科学所提供的经验知识基础上为之，否则便是盲目决定。盲目的伦理价值决定常常是很危险的，或者是根本行不通的。

理智成熟的人必须依照人的需要、欲求，以及社会状况等实实际际的因素，来决定伦理价值标准。这并不是说在决定伦理价值标准时，科学可以直接代庖。同时，我们并没有具备足够的科学知识来一一解决现代的紧迫问题。不过，除了依赖目前所有的科学知识，我们不能盲人骑瞎马似的在科学以外找依据。

在以上，我们已经列举并且辨正了对于科学的一般误解。在以下，我们要进一步指出科学共同具有的特征。我们在以下所说的，仍然以费格尔的提示为基础或引线。

一、互为主观的可检证性（inter subjective testability）。

一般人常说，科学必须有"客观性"。我们现在说，科学须有互为主观的可检证性。所谓"互为主观"，意即一个命辞或概念为不同的个人所了解或应用。依此，所谓"互为主观的可检证"，意即一个命辞或概念可以为不同的个人所互相验证。这种办法可以使科学免于受个人的偏见或文化的偏见之支配；不仅如此，而且可使任何具有适当知能以及在观察或实验方面有专门技术的人，在原则上都可以把科学知识付诸检证。这里所谓"在原则上都可以把科学知识付诸检证"，意思就是说，科学知识至少可以间接地予以证明或予以否证，或者在某种程度以内予以证明或予以否证。我们之所以不用"客观性"这个名词而用"互为主观"这个名词，除为了避免传统哲学上的意含，系为着重科学研究工作之实际社会的性质。如果有何"真理"只能为少数特殊分子所了解，那么这类所谓的"真理"不是我们在科学中所能找得到的。"互为主观的可检证性"这一标准可以帮助我们把科学活动与非科学活动加以区分。

宗教的狂热、爱之激情、艺术家的灵感，甚至科学天才之灵光一现，都不能算是科学的活动。这一类的活动也许可能变成科学研究之题材，但是，仅仅靠这些活动本身，不足以构成有效的知识。在科学的直观中，或者像在心理范围里的同感作用一样，这些活动常常是衍生知识的工具。然而，我们要把这些活动变成知识，必须满足二个条件：第一，把它们组织成互为主观因而也就可以理解的构造；第二，可以付诸适当的检证，俾便确定其是否可靠。有许多信仰是超乎一切可能检证的。这也就是说，我们无论借观察、实验、测量，或是统计的解析方法，都不能检证这些信仰。这类的信仰，有人认为是神学的信仰或形上学的信仰。无论怎样，这类的信仰既然无法付诸检证，因而也就不具常识语句或事实科学的语句所有的那种类型的意义。在原则上不能印证的神学和形上学可以叫作超越的神学及超越的形上学。从科学的哲学观点看来，超越的神学和超越的形上学中的那些说素，其所以使这么多人激动，主要是其中所含情绪的因素使然。显然之至，语言文字之图像的、情绪的和机动的声诉力，对于实际的生活、艺术和教育等是不可少的，也许还是有价值的。不过，无论怎样，我们不能把这些东西与具有认知意义的知识混为一谈。这里所谓"认知的意义"（cognitive meanings），包括纯形式的意义和经验的意义。具有纯形式的意义的知识之代表的例样为逻辑与数学，具有经验的意义之知识为化学、地质学、生物学、心理学等经验科学。

二、有足够的印证程度。这是科学知识之所以成为科学知识的第二个标准。这个标准帮助我们划分"意见"与"知识"。意见可因人而异，可因情感而移，可随立场而变。知识则不能因人而异，不能因情感而移，不能随立场而变。能够改变知识的，有而且只有共同世界里的经验。显然得很，这个标准与前一个标准不同，我们固然可以说科学中已经印证了的定律、定理、假设，与不十分有根据的猜测及试行提出的观念，这二者之间并无一条几何学的界线可划。不过，在一般情形之下，我们试行提出的观念或假设，有时固然被吸收到科学知识里去，有时则因得不到印证而被放弃。我们有时所追求的真理常为基于轻率的推广作用而形成的判断，或者是基于薄弱的模拟作用而形成的判断。基于这些因素而形成的判断，常常与"如愿的想法"结合,而成错误之源。

三、有组织。科学必须是有组织的知识。我们要知识有组织,必须将知识纳入一个系统之中,或把知识组织成一个有系统的形式。既然如此,科学知识必须是各部分彼此融贯的。在同一系统之中,这一部分的知识与另一部分的知识互相矛盾,或者首尾大相径庭,或者结论否定前提之真,这些情形之发生,在科学里都是不许可的。我们在科学里所寻求的,并非一堆杂乱无章的片段的消息,而是一组安排妥帖的语句或命辞。就科学的叙述而论,融贯即是分类、归类、图解、统计等。就科学的说明而论,融贯表现于科学假设与定律之间的调和。科学中的假设与定律可以当作前提。从这样的前提出发,我们借逻辑数学的方法推演出已被观察的事实或可被观察的事实。这些事实本来是属于各种不同范围的,经过一番系统化的处理程序,于是整合于一个融贯的统一的结构之中。

四、有广含性。科学的一大特点乃在它有广含性。这里所谓"广含性"的意思是说,在科学中,往往以相对少数的基本观念、假设、定律来说明相对多数的事项。这就是俗话所说的"以一驭百"。科学就有这种"以一驭百"的力量。因为科学有这种力量,所以它能收获记述的经济、说明的经济,以至于思想的经济。因此之故,一般人对科学所获得的最深印象,就是以为科学乃"完备的知识"。不过,科学的这种成就与形上学家幻构的所谓"完整的宇宙图像"是不可混为一谈的。形上学家的宇宙图像乃如愿的想法、情绪和语言魔术三者之结晶。

除了上面所陈示的,科学的一种重要特点就是有怀疑的态度。我们几乎可以说,没有怀疑就没有经验科学。假若一个人视一切为故常,他看见自然之运行,他听到前人的言论,他生活在一种风俗习惯里……认为一切当然如此。这样的人诚然不缺少确定之感（sense of certainty），而且说不定还很快乐。但是，这样的人只能过蚂蚁或蜜蜂式的生活，他不能有何知识；既不能有何知识，当然也就不能有何科学。

纯粹的经验科学起于对自然和人生的怀疑。对于自然和人生，一般人不大发生疑问，科学家则发生疑问。有了疑问就要求解答。要求解答，则可逐渐衍出科学知识。[1] 所以，我们几乎可以说，怀疑乃科学之母。对于自然需要怀疑，对于社会的建构尤然。

怀疑必须彻底。怀疑态度的应用范围必须毫无限制。如果怀疑而不彻底，也许毛病就躲藏在那不彻底的角落，于是问题不能透彻解决。怀疑态度的应用范围如果稍有限制，那么真知灼见永远不能抬头。对于眼面前的事物和建构（institutions）固然可以怀疑，对于远古的传统也可以怀疑。对于平凡人的言行固然要怀疑，对于似乎并不平凡的人之言行也须怀疑。因为，正如卡尔·波普尔教授（Prof.Karl R.Popper）所说"伟大的人物可能制造伟大的错误"。平凡人的言行之影响较少。伟大人物的言行之影响较大。所以，对于伟大人物的言行之怀疑应大于对平凡人物的言行之怀疑。普遍地说，对于人的言行之怀疑程度必须与其伟大程度成正比。

可是，有些人对于别人所奉赠的怀疑态度不大欢迎。凡自以为所言是绝对真理者不喜欢被别人怀疑。部落里的酋长不喜欢被别人怀疑。大法师不喜欢被别人怀疑。这些人拒绝怀疑的办法很多。当他们拿言辞胜得过对方时他们并不吝惜拿种种预先编造好的言辞来对付怀疑。当言辞失效呢？"图穷匕见"，他们就露出暴力

---

[1] 1959年初版本作："要求解答，则逐渐衍出科学知识。"——原编注

（brutality）的本色。暴力也不灵了呢？他们的"真理"也就随着大江而东去，烟消云散。照他们看来，怀疑就是不忠的表现，而无条件地信仰则为力量之泉源。所以，他们要利用种种建构来培养绝对的信仰，并且打击和消灭怀疑。这一心理工程的"哲学基础"就是"真理绝对主义"。"真理绝对主义"与"独断主义"是一对双生子。任何人一中此毒，神经就为之僵固，再也没有商量之余地了。

怀疑与猜忌根本是两回事。猜忌是自卑的产品，也是唯恐被他人夺去权力的心理反应。猜忌之最深的一层是罪犯感。患有罪犯感者，因所有物得来不正，时常怕别人也以不正当的方法夺去，患得患失，所以猜忌重重。猜忌者以自我为中心，自我封闭于一孤立的小世界之中。这种人之对他人猜忌，完全是恐惧心理之放射。所以，猜忌是主观的。猜忌者所作的判断是自行证明的。这也就是说，猜忌者所作判断并不拿事实来检证其真假，而只是以猜忌的心理来支持从猜忌的心理出发所作的判断。这是以心理来证明心理，从一种心理出发又回到这一种心理。所以，猜忌者可以说生活在一个"独我世界"里。这种人生活在这种世界里才感到心满意足。

怀疑则是理知追求的表现。科学家并非为怀疑而怀疑。怀疑不是目的，只是一个手段。怀疑是致知的手段。科学家把怀疑作为一种程序，希望由这种程序得到无可怀疑的结论。科学家固然要怀疑，这怀疑的时间也许很长，也许很短；但是，一旦理论圆通而且证据确凿之时，怀疑即行终了。

人并非不须有所肯定。然而，没有经过怀疑而行的肯定，不是盲目的肯定，便是武断的肯定。盲目的肯定来自权威之言、风俗习尚、随声附和。抱盲目的肯定以终老，无头无脑，这样的肯定有什么价值？武断的肯定常以先入为主，或与情绪结合而成。这样的肯定也许很强烈，但往往不能与经验事实对照。有而且只有经过一番怀疑，把一切非理知的成分淘除了，把一切不够牢靠的论点消掉了，这样得来的肯定才可能是颠扑不破的真理。

显然得很，这样的真理是很难求得的。要求得这样的真理，唯一可靠的方法就是科学方法。除了科学方法，如果尚有所谓"致知的方法"，那么一定是旁门左道。旁门左道也许能给我们以别方面的满足，但其去真理也益远。谈到科学方法，真是千头万绪。

而且关于科学方法的实际细节，只有各种部门的经验科学家才能把握。这些不是我们现在所能讨论的。[1]我们所需要研究的，是一切科学方法所共通的原理原则。

---

1. 1959年初版本作："这些不是我们所需要研究的。"——原编注

第三章 科学与语言

我们谈科学，首先不能不谈科学之语言层界。如果谈科学而不谈科学之语言层界，那么便根本无从着手。一个典型的科学研究工作包含着下列步骤：观察、观察的报告、假设的陈述、演算、预测，借作其他的观察来检证我们所作预测。在这一序列的动作之中，除了第一和第末，无一而非语言活动。复次，科学家所研究的成果之累积，可以说是科学的正身。科学的正身更有赖于语言文字的记录。例如，我们所观察的数据之图表、预测报告、演算之公式等。

不过，科学语言与日常语言不尽相同。虽然科学语言与日常语言可以同是自然语言，如英、德、法、意等语文，但是科学家应用自然语言的方式与日常用法不一样，至少对于居关键地位的名词字眼之用法与日常用法不一样。不仅如此，越是精确而成熟的科学，越多用自然语言以外的记号来表达或组织其特有的意念，或其所要特别对付的事实。[1]例如 α 线、β 线、γ 线等。所以，我们说，科学语言是专门化的。在此专门的语言中，科学家常以可能简括的方

1.1959 年初版本作："或特别对付的事实。"——原编注

式来叙述事物。科学家所作的这种叙述所包括的事物，如果用日常的语言来叙述，那么非连篇累牍莫办。科学家用科学语言作交通工具时，听者或看者或读者恒作极准确而又一致的了解。科学家所作预断所可能达到的准确程度远非吾人仅凭常识所作预断所能企及的。科学语言是有高度效力的，而且是精审的。这是科学与非科学的主要不同之处。

科学语言的建构常从界说（definition）开始。界说之定立是有许多技术的。我们如果不明了一个字的意义或用法，有时可以查查字典。但是，碰到专门的用法，仅仅查字典是不够的。我们需要另行构作字或名词的界说。构作字或名词的界说之技术甚多，[1]我们在这里只指出重要的。

一、外范的界说。外范界说是列举被界定的名词所可包含的一类之分子。我们借此可以知道该名词之外范的意义。[2]我们最初要知道一个名词的意义时常用此法。例如，颜色意即红、黄、蓝、紫……

二、解析的界说。解析的界说包含两个部分：一个部分是被界定端（definiendum）；另一个部分是界定端（definiens）。解析的界说是陈述一个名词之某种已被接受了的意义。例如，宗教乃人对其认为至善至大的目标之全部的倾心。

三、规定的界说。所谓规定的界说，并不必然陈示某一名词之通常的用法，而是规定某一名词怎样去用。在科学叙述的要求之下，我们发现日常用语不适切，或欠便利。在这种情形之下，如果我们需要新的名词来表达新的概念，那么就需要制作一个规定的概念。

---

1. 1959年初版本作："我们需要另行构作字的界说。构作字的界说之技术甚多……"——原编注
2. 1959年初版本作："我们借此可以知道该名词之内涵的意义。"——原编注

从逻辑的观点看，我们有以任何方式铸造新名词之完全的自由。规定的界说并不对已有的用法负责，它的目标只是为了方便。

四、性质的界说。拿一种性质来界定一个名词，这样的界说就是性质的界说。性质的界说是常用的界说。例如，"人是理性的动物"。

上面所列举的界说有必须满足的共同要求，就是免于歧义（ambiguity）和混含（vagueness）。

我们要明了歧义是什么，必须分辨字的记号设计（sign-design）和字的记号出现（sign-occurrence）。一个字的记号设计只有一个，但是，它的记号出现可以不止一次，在事实上是 $n \geq 2$ 次。如果一个字的记号设计只有一个而且它的记号出现也只有一次，那么便无歧义可言。这也就是说，如果一个字的记号设计只出现一次，那么此字永无歧义可以发生。然而，在实际上，一个字的记号设计之出现常不止一次而为 $n \geq 2$ 次，而其出现所在的场合又不足以决定其单一的意义，于是歧义发生。在一个词语或陈述词中，如果有的名词之单一的意义不能决定，那么整个语句或陈述词之单一的意义便也不能决定。碰到这样的情形，我们需要对于该名词立界说以消除其歧义。我们试考察下列二行字：

（1）太

（2）太太太太太

上列第一行有几个太字呢？上列第二行有几个太字呢？没有问题，我们可以立刻答称上列第一行有一个太字。但是，上列第二行究竟是一个还是五个呢？我们可以答称有五个，也可以答称只有一个。这两种答法可以同时真，但是在不同的标准或条件之下。如果我们从太字的记号设计来观察，那么这五个太字同属于一个记号设计，所以我们可以说第二行只有一个太字。但是，如果我们从太字的记号出现的次数算一算，的的确确有五个，所以我们也可以说太字有五个。如果具有同一记号设计的字出现在不同的场合，但又不能始终保持同一的意义，因此就产生了歧义。但是，由于从幼小我们就养成一字一义的学习习惯，见一字即得一义，而日后一字发生多义的情形，我们还是本着初学字的"一字一义"的习惯来反应，所以有了歧义还不易发现。例如：

甲说：他简直不是人。
乙反驳道：他怎么不是人呢？大家都是人嘛！

这里的问题显然在"人"字发生歧义。甲所说的"人"具道德的或伦理的意义。乙所说的"人"具生物学的意义。具有生物学的意义之人，不必一定也具有道德或伦理的意义。但是，两个意义的人共享同一记号设计的"人"字，以致纠纷发生。其实，如果在讨论之先，彼此把所用"人"字下一界说，则可以各行其是、各说各的，于是这种无谓的论争可以消弭于无形。

混含与歧义不同。混含是一个字的意义核心或中心用法很明显，但是它的应用级距（range of application）不定。这也就是说，这类名词究竟可以应用到什么地步，很不易划限。例如，"朋友"一词就有这样的情形。这个名词用得颇泛。相交十年而且尚未感情破裂的人，没有问题可以说是互为朋友。"点头之交"是否可以算是朋友，就很难说。至于"我的朋友胡适之"中的"朋友"问题便更大了。

既有歧义而又混含的字更易引起麻烦。像"仁""义"

"道""德""光荣""耻辱""美""丑""善""恶"……这些字，真是千人千义、百人百义。我们在用这些字以先，必须严格地加以语意学的处理。

定立一个合用的界说，实在不是一件简单的事。定立一个合用的界说，有艺术的条件，也有科学的条件。艺术的条件虽然只是科学以外的而并不与科学相反，但是我们在此无法讨论。我们在此所能讨论的，是定立界说之科学条件。我们在此所能讨论的定立界说之科学条件，是形式的条件及语意的条件。一个界说如求合用，有它必须满足的这些条件。这些条件说来也是很复杂的。我们现在所要说的，只限于最不可少的几条。严格地说，我们现在所要说的，只限于用自然语言而非用符号语言表出的界说所须遵守的几个最不可少的条件。

一、一个界说必须表出被界定端之约定的意含（conventional connotation）。一个字或名词所表示的大家共同约定的意指或指谓，叫作约定的意含。一个字或名词必须有约定的意含，才能作大家交通的工具，或为彼此所"了解"。但是，衣服穿久了会走样。同样，字或名词被许许多多人用久了，它的意含也会走样。因为，语言不是死的东西，语言是活的工具。活的工具一与人的实际生活、情感、意志、观念和习惯搅混在一起，受这些因素之作用，常常离开了原定的意含，而"产生"新的意含。同是一字，古义之所以往往为今人误解或不懂，其原因之一在此。这种情形，我们叫作"移义"。移义的情形一经发生，交通就会困难。要免除这种情形，必须将闪烁于各人之间的意含予以稳定。这就有赖乎界说。

二、界说不可循环。这也就是说，被界定端在一界说结构中不可出现于界定端。这一条道理是显然易见的。我们之所以要对一字或名词定立界说，就是因为我们对于这个字或名词的用法或意义不能确定或明了，而需拿其用法已为我们所能确定或其意义已为我们所明了的字或名词来表白它，说前者即是后者。如果被界定端原封未动地出现于界定端，那么界定之目的岂非未达？我们要达到界说的目的，至少必须在字形方面避免被界定端出现于界定端。像"人者人也""是好的东西毕竟是好的""能干的人究竟能干"，这样的一些话，如果看作界说，实在毫无用处。

三、一个界说如果能用正号的字句表出，那么切不可用负号的字句表出。这一条并不是说，在原则上，一个界说在任何情形之下不可用负号的字句表出。假定一个名词处于一种与另一名词对待的关系之中，而这另一名词与它不仅共同穷举，而且互不兼容，那么我们拿负号的字句来界定它，是没有什么毛病的，而且是无害的。不过，这种情形是一种纯逻辑的可能。在经验世界绝对没有共同穷举而又互不兼容的选项（alternatives）。所以，在实际上，我们不能对之用负号的字眼作界说。假若我们说"物质者非精神也""男人者非女人之人也""阴者非阳也""全体者非个人也"，这些界说对我们是毫无帮助的。我们不能借着类此的界说来决定被界定端的用法，或明了它的意义。这类的界说，只能看作旧式文人耍字眼。耍字眼是游戏的一种。这种游戏有助于消遣，但无助于弄清语言和意义。我们所需要的是用正号字句所表出的积极的界说（positive definition）。

四、界定端与被界定端必须是等范围的（co-extensive）。这也就是说，界定端的指谓既不可大于被界定端又不可小于被界定端。如果界定端的指谓大于被界定端或小于被界定端，那么这个界说便不合用。假若我们说"三角形是一几何图形"，这一界说的界定端之指谓大于被界定端的指谓，使我们无法区别三角形与其他几何图形，例如四边形、多边形等。但是，如果我们说"三角形是三边相等的几何图形"，这个界说失之于界定端的指谓小于被界定端的指谓，而把不等边三角形排斥于此界说之外。

如果从知识的观点来看，这一条规定有一困难。这一条要求我们在构作一个界说时我们所用的界定端的指谓范围必须与被界定端相等。如果我们知道了被界定端的指谓范围，那么我们无须乎因此理由而立界说。如果我们不知道被界定端的指谓范围，那么我们根本不能构造界说。我们对于被界定端的指谓范围只有知道或不知道，所以结果我们不必建立界说或不能建立界说。这是这一条所碰到的二难式（dilemma）。

五、界说不可用绮词丽语。这一条之必须遵守，简直是显然易见的。我们定立界说的目标，除了许多别的目标，系为了消除混含和歧义。绮词丽语最富于混含和歧义。因此，如果用绮词丽语来界定，那么，火上加油，把有待界定的名词弄得更不清楚。为了避免这种情形，我们必须应用意谓清楚的字眼。

从这一条，我们可以看出文艺作家与科学家应用语言的方向根本不同。文艺作家应用的语言越能激动情绪、引起意象、产生图画便越好。文艺的语言是多轨式的语言。科学的语言要求与此刚好相反。科学的语言必须是单轨式的。单轨式的语言意义单一，达意只有一条路可通。它的结构也要能保证这一点。假若某一科学语言激动了情绪，或多种意义，那么这一语言就科学的观点看，就算是失败了。这样的语言必须修正，甚至必须放弃，重新构造。

这一要求对于用汉文的人特别重要。文艺的语言之用法，乃语言之情绪的用法（emotive use of language）。科学的语言之用法，乃语言之认知的用法（cognitive use of language）。一直到现在为止，用汉文的人把前者盖过了后者。汉文可以说是以情绪为中心的语言（emotive-centric language）。以情绪为中心的语言，看之者一看，反应是情绪的；听之者一听，反应也是情绪的。复次，情绪之中有时包藏着价值判断。于是，情绪和着价值，有时也成了字的核心。以情绪和着价值为核心的语言作心理活动之依据及工具者，认知活动是被抑压而不显露的。于是，科学的心性便难得养成了。所以，改变语言用法的习惯，是改造心性的必要条件。

第四章 科学与假设

是否懂得提出假设，乃文明与野蛮之分。野蛮人只懂得武断，不懂得怎样提出假设。文明人不仅懂得如何作肯定，尤其善于提出假设。人的文明程度越高，知识程度也越高。知识程度越高的人，越懂得假设对于知识之重要，而且制作假设的技巧也越精。知识缺乏的人作判断时主要受自然状态的心理情况之支配。他们心里怎样想的，就以为事实是怎样的。知识程度高的人多少可以分辨出"想的世界"与"事实世界"。他们知道他们自己所想的与事实的真相不一定相符。他们愿意怀疑自己所想的，而且善于怀疑自己所想的。怀疑自己所想的，就是不安于自己的想法之表现。不安于自己的想法，于是想方法另求自己满意的解答。其中的关键就是假设。

假设（hypothesis）是经验科学建构的起点之一。我们对可观察的世界发问，发问以后，接着就试着提出解答。这一尝试的解答，就是假设。谈到"假设"一名，我们不要以为假设是假的。假设是hypothesis的翻译。这个字之所以译成"假设"，主要是习惯使然。大家既然这样翻译，而且通用了，我们只好从俗。比较恰当的翻译应当是"姑设"或"姑说"。"姑设"者，意即"姑且这样设定，确否尚待证实"。"姑说"者,意即"姑且这样说明,确否尚待证实"。"假设"一词的真正意谓如此,可知"假设"并不是"假的"(false),也说不上是"真的"(true)。假设在未付诸检证以前没有真假可言。假设含有拟定的(hypothetical)成分。

虽然假设是拟定的说法,但是并非可以随意提出。同样是假设,可有高下之分。对于同一题材,有高度训练和丰富经验以及充分才智的人提出的假设,比无高度训练和丰富经验以及充分才智的人所提出的有用些。同为假设,简单的比复杂的方便。因此,在科学史上,简单的假设淘汰了复杂的假设——如果都能说明可观察的事项的话。同为假设,包含力多,即所能说明的事项多者,较包含力少者为优选。这样看来,要提出一个合用或有结果的假设,并非一件轻而易举的事。从科学史我们可以明了,为了说明一组可观察的事项,常常更换好几个假设。当然,更换假设在科学上是一件大事。每更换一次假设,即代表着人类在知识上的一次新的追求和新的挣扎。

怎样的假设才是合用的或有结果的假设呢?直到现在为止,没有任何人能够列出逻辑的理由来保证某一假设是合用的或有结果的。有而且只有某一假设既经提出以后,事后证明它是合用的,或有结果的,我们才能说它是合用的或有结果的。我们几乎可以说,一个假设如果合用或有结果,系一事后的追认,事先无人有确切把握,即令是爱因斯坦亦不例外。因为,定立假设只是一种心灵的探险。假设是从非知识世界到知识世界的一个桥梁,这个桥梁非常重要,可惜不如一般人想象之稳定。此事对于人类而言几乎是定命的(fatal)、无可奈何的。但是,从另一方面看,唯其如此,科学才有修正之余地,也才有进步之可能。科学并不在柏拉图的天国

（Platonic heaven）里。虽然如此，由于长期的摸索，科学家们探出了那定立合用的或有结果的假设之尝试的标准。我们不依这些标准来定立假设，那么成功的机会虽不能说没有，就过去的经验看来却很少。如果我们依照这些标准来定立假设，虽然没有逻辑的理由保证我们"必然"成功，但是，就过去的经验看，我们成功的机会较多。为了争取较多的成功机会，我们在定立假设时是应须顾到这些标准的。我们现在把这些标准列举出来。

一、一个假设必须可以证实或否证。我们提出一个假设，要么能够被证实，要么能够被否证。如果我们所提假设能够被证据证实它是真的，那么它就成为一个真命辞。这当然很好。因为，这表示我们在知识上的努力多了一分收获。但是，如果我们所提假设能够被证据所推翻，那么这一假设也不失为一个有资格的假设。因为，我们至少已经排斥了一个不合用的假设，以后不再采用它了。从知识的发展来说，我们排弃了一个不合用的假设，就可以促使我们再去找新的假设。所以，被否证了的假设固然不能在科学上发生积极的作用，却可以发生消极的作用，至少可以使后来的人不再走那一条路。

也许有人觉得奇怪：我们说被证实的假设有价值，被否证的假设也有价值，难道有既不能被证实又不能被否证的假设？有的，在日常语言中很多，在形上学中也多。在日常生活中，有人解释行善或作恶可有报应，说："善有善报，恶有恶报。不是不报，时候未到。"这就是说，做好事的人会得到好的报应，做坏事的人会得到坏的报应。但是，如果做好事的人并未得到好的报应，做坏事的人并没有得到坏的报应，这怎么解释呢？解释的人说，并不是没有报应，只不过是因为为时尚早。假若老是没有报应呢？解释的人说，还是因为时间未到,这个时间是没有划定的,所以如果恶人尚未得到恶报,那么你得老是等下去。如果这类的话之作用只在鼓励人为善,倒也不无少许价值。如果这类的话是说明善行或恶行与报应之间的关系之假设,那么便一无价值。因为,这样的假设既不能借证据来证实,也不能借证据来否证。有一种形上学家说"历史的发展是理性的展现"。在历史上,如果有权势的人物自觉地做了几件合理的事,他们说这是"历史之理性的表现"。但是不幸得很,在历史上不是所有的人都凭理性办事。张献忠、吴三桂等人就是如此。求食、色欲、权力之追求、主义的狂热,这些非理性的盲力(blind forces)之冲动,占去历史更多的篇幅。假若有人请教这类形上学家,像这类事项怎样安排在他的"理性主义的历史观"里。他说,这些东西是从理性之反面来表现理性。理性从其反面来表现它自己,正所以显露"理性之机智"。像这样的话,如果作为说明历史发展的假设看,就是从正面可以说、从反面也可以说的说法。这样的说法实在是什么也没有说。这样的说法,如果又不是一套套逻辑,那么简直是既不能被证实又不能被否证的。既不能被证实又不能被否证的话是毫无意义的。假设亦然。这样的假设至少为科学家所不取。

二、假设必须与大家已经接受的知识一致。这一条是说,我们因想说明某一或某些事项而提出假设时,对于大家已经接受而又与此假设相干的知识不可茫然无知,而越过这些知识,妄自造作。如果已有的知识老早可以解决我们所提出的问题,我们只因不知或不懂而自己"来一套",这只能表示我们幼稚,或孤陋寡闻。我们在提出一个假设时,必须顾到与之相干而又为大家所已承认的知识。

不过,我们必须明了,这一条只能看作一条劝导,而不能看作一条"不可逾越的"铁的规律。这一条只是告诉我们：在定立假设时，我们所提假设"最好是"与已有的相干知识一致，或不抵触。但是，这话并不涵蕴，在原则上，于任何情形之下，我们所提假设必须合于已有相干的知识，而不可稍有违反。至少，在逻辑上，我们不受这一条之限制。这一条的真正意义在告诉我们，我们以已有相干的知识作根据来提出假设时，成功的机会远多于失败的机会。但是，这话并不等于说，我们不以已有相干的知识作根据来提出假设，则成功的机会一定等于零。

一个真正富于经验和慧眼（insight）的科学工作者不轻易提出与时下知识相左的假设。但是，如果他要提出这样的假设的话，他一定能够权量在什么情形之下才有提出之必要。在什么情形之下才有提出这样的假设之必要呢？有而且只有在已有的知识不复足以用来说明所要说明的事项时才有必要。但是，我们必须记着：果真如此，那就表示他已把科学向前推进了一步。我们更要记着：这样的事虽然并非没有，但在科学史上并不是年年发生的。复次，这样做的人，他在知识上的负担一定远较承认现有的知识时为多。

三、假设必须尽可能地简单。简单的假设是我们欢迎的假设。奥卡姆剃刀定律说："如无必要，不可将东西堆砌起来。"依此，在科学中，假定一切其他条件不变的话，在许多假设之中，我们总是选择那最简单的一个。因为，最简单的假设可以节省我们心理的劳力，而且因此又易于操纵。假定有 A、B 两个假设，而且二者的说明力相等，同时都可证实，都不与已有知识冲突，但 A 较简单，B 较繁杂，那么我们选择 A 而放弃 B。这是假设领域中的"人择律"（law of artificial selection）。

四、假设必须可行推论。在科学的理论中，假设总是以"如果——则——"的形式出现。这种形式一经摆出，就应有推论的可能。一个假设不应只限于说明已经观察的一组基料（data），而且应能说明尚未观察的基料。这就含有推广作用（generalization）。在这种情形之下，假设能够推演出一串相干的结论。

五、假设必须一致。假设内部的理论构造必须没有包含矛盾。这是假设构成之一个最低限度的标准。这个标准，也许有人看起来简单，其实并非如此。一个假设内部是否涵蕴着矛盾，常常不是一眼可以看出的，而必须行推演推出结论才看得出。这得借助于反证论法（reductio ad absurdum）。

（此章略有删节）

第五章 比拟

比拟（analogy）可以说是最自然的推论方式之一。大部分人借比拟而行推论，几乎是不学而能的。当然，比拟除了朴素的（näive）层面，还有必须精练的（refined）层面。因此，我们如果要把比拟行之安全、用之精巧，不可仅凭天生的朴素的头脑来用，而必须受相当的训练。

什么是比拟呢？设有甲乙两项事物。如果甲有 a、b、c 诸点，于是有 d 点；乙也有 a、b、c 诸点，于是我们推论乙也有 d 点。这样的推论方式就是比拟。不过，我们必须时时警觉，由比拟而得到的结论，如果是真的，只是盖然地为真（being probably true）。盖然地为真的语句有盖然地为真的程度差别。这也就是说，有的结论之盖然地为真的程度低，有的高。但是，无论高到什么程度，即令从未失败过，也不是必然的。

为了使大家了解比拟的用法，我们可以任便举些例子。有一派政治学者把国邦看成一个大有机体。这种说法是由将国邦比拟作人的机体之类的有机体而来的。人的机体之各部分不可分离，所以他们由此推论国邦的各部分也不可分。天文学家观察到太阳系中其他的行星与地球有许多类似之点：地球绕日而行，太阳系其他行星也绕日而行；地球从太阳得到光亮，其他行星也从太阳得到光亮；地球自转，太阳系若干其他行星也自转；地球有昼夜可分，太阳系若干其他行星也有昼夜可分；地球受万有引力所摄引，太阳系其他行星亦然。太阳系其他行星既然与地球有这么多的类似之点，地球上有生物存在，于是我们推论太阳系其他行星上也有生物存在。

显然得很，这一推论的结论并非不可予以考虑。不过，同样显然得很，这一推论的结论之基础是脆弱的。对于生物之存在而言，温度之适合乃一必要条件。如果其他条件满足了，但温度不适合，那么别的行星上还是不见得会有生物存在。因此，只要温度适合这一条件不备，可以使整个比拟失效，因而结论也归为假。

比拟是观察形态、认识结构、想象和推论数项之复合。单独的符号推演不能成比拟。比拟，是人了解自然之原始的方式之一。同时，比拟之中也蕴藏着丰富的心灵活动。丰富的心灵活动常富于创造能量，但是，也常常是危险的。人类历史上伟大的成就常靠丰富的想象为背景和动力，可是，人类历史上伟大的错误也常起于丰富的想象。想象，只是创造之源，却不是效准之保证。如果想象是效准之保证，那么逻辑与数学可以弃诸大海。在科学研究中，在事理的了解上，我们不可不借助于比拟。但是，同时，我们为了效准之保证，又不能不控制比拟，尤其不能不检察比拟的结论。

要达到这一目标，我们最好从分判比拟之文学的用法与比拟之科学的用法开始。比拟之文学的用法，主要是诉诸想象之类似，诉诸图式之类似，诉诸情绪倾向之类似。比拟之文学的用法，可以很逗趣，可以增加情绪生活之内容，对于未经逻辑训练的人而言也很富于说服力。之所以如此，因为，如果我们要借严格逻辑的程序来得到某项结论，常需耗费许多心力。如果我们借想象或图式或情绪来跳到某项结论，可以不费吹灰之力，并且得到一种快感。此所以古往今来借逻辑而辩论不敌借情绪而辩论者也。比拟之科学的用法，主要是诉诸结构（structure），诉诸 isomorphism。

比拟之文学的用法所得结论之可靠性常常极低。从前中国书生为了要证明文武不可不并重，作出这样的一大段文章"夫车有两轮，鸟有两翼，是故文武不可偏废也"。这是拿毫不相干的形态相似来作比拟。前二者之有无，对于后者之应然与否，简直毫无相似可言。尽管车有两个轮子，鸟有两翼，文武还是可以偏废或不偏废。尽管车无两个轮子，鸟无两翼，文武还是可以偏废或不偏废。何况现在有三轮车呢？但是，由于都是"两"，居然有人被此论说服。人的许多信念和行动竟是建立于这样脆弱的基础上面！

从前的帝制主张者为了维护帝制造出一种说法："天无二日，民无二皇。"这种说法既经流行民间，居然发生相当的支配力。考其支配力之根源，在"无二"这一点类似。这一点类似之处帮助我们这样想：天上没有两个太阳，这是天经地义的事；地上没有两个皇帝，亦犹天上没有两个太阳。天上没有两个太阳既是天经地义之事，所以地上没有两个皇帝也是天经地义之事。这也似乎言之成理、持之有故，因而收稳定人心之效。其实，即令天上只有一个太阳，与地上只许有一个皇帝有什么相干呢？何况天上的太阳本来就不止一个？假若天上有许许多多太阳，地上的一国是否因此也容许有许许多多皇帝呢？人间许多历久深信不疑的东西，原来是一指就穿的！

前述政治学说中的国邦有机论也是出于一个错误的比拟。人的机体的各部分对于整个人体而言，的确是不可分的。如果分开了，那么便失其作用，而且人也不成其为人。一个国邦的各部分是否也如此呢？这就得看经验事实了。

"人死留名，虎死留皮"，这话是拿荣誉感来鼓励大丈夫的。这一鼓励在语言方面之所以发生作用，似乎是"留名"与"留皮"之间有类似点。其实，稍一推敲，即知其不然。不独不然，而且刚刚相反。虎死留皮是一悲惨的结局，好像不值得鼓励。猛虎生息于深山，优游自在。猎人无端射杀，食其肉而寝其皮。这种结局是否出于虎之自愿呢？是否又应该鼓励人去步虎之后尘呢？

这类比拟很少经得起批评。比拟之科学的用法所得结论较此可靠得多。比拟之科学的用法充斥于科学数据之中。前述天文学家所作比拟即是一例。当然，我们不能说，比拟之科学的用法中一点想象的成分也没有。比拟根本就是介乎想象与推论之间的一种心灵活动。没有想象，就没有比拟。所以，比拟之科学的用法也不能免于想象的成分。比拟之科学的用法既不能免于想象的成分，于是，严格地说，我们无法在比拟之文学的用法与比拟之科学的用法两者之间划一条清楚的界线。事实上的确如此。但是，我们得要求尽可能地把二者划分开。因为，这样才能满足各自的要求，而且我们研究科学时可以减少一些荒谬的结果。

我们运用比拟时，要想减少一些荒谬的结果，仅仅在理论上将比拟分作文学的用法和科学的用法还是不够的。我们还得进一步去寻求运用比拟的标准。我们所要寻求的比拟之运用标准，是科学家在实际科学工作中行之有效的一些"工作守则"。我们依照这些"工作守则"来运用比拟，虽不能保证每一次都不错，但是可望把错误的机遇减少。

一、类似之点多的事例，发生其他类似点之几率，较之类似点少的事例可发生的其他类似点之几率为多。假定有甲乙两组事例。

如果甲有 a、b、c、d 诸件，而且有性质 Q，乙有 a、b、c、d 诸件，所以我们推论乙也大概有性质 Q。类似点愈多则结论的可靠性愈大。

二、扣紧（cogency）之扣紧。有而且只有我们对于一组事例的内部结构毫无所知时，例子的数量才是重要的条件。如果我们凭经验确知某一因素具有决定性的作用，而且其他因素确乎都不相干，那么这一因素的力量大于其余一切因素。于是，我们取它作结论之根据，而把其余的因素放在不予考虑之列。例如，我们要考虑某甲做小偷之几率有多大。如果他与小偷某乙一样手脚灵活，一样穷困，一样富于冒险精神，但是某乙因教育不良而缺乏荣誉感，而他则因过去曾受良好教育而有荣誉感。这个因素乃决定他是否做小偷之一扣紧的因素。我们有较大的把握说，也许就由于这一因素，使得他免于做小偷。

也许会有人问："什么是扣紧？"问这个问题的目标，如果是要形造"扣紧"概念之普遍意义，那么似乎世界上没有人答得出来。虽然没有人答得出来，我们常须应用这类概念。这类答不出来但又得应用的概念在科学上颇为不少。这类名词，我们把它们叫作"与扣紧同位的名词"，例如"相干""必要""适切"等。这类名词的意义虽不能普遍形制，但并不涵藏任何神秘意含，更非不能实际应用。虽然我们不能普遍地（generally）型定"扣紧"一词的概念，但是我们可以特定地（specifically）应用这一名词。在一组特定的条件之下，富于经验的科学家会用此词。或者，在有人列举一个因素来作说明时，科学家当时或事后可以决定这个因素是否"扣紧"。

"扣紧"这类名词的意义之普遍的形制和应用之所以这样困难，因为它们并非个别的概念，而是建构的概念。这类建构的概念并不必名个别之物和个别之事，它们所表示的是理论构造的条件。这也就是说，有而且只有在构造理论时，我们才用得着这类概念。我们与其说这类概念指谓（designates）什么，不如说它们所表示的是一种要求（claim）。

科学可从两方面看：一方面是一建构（science as an institution），另一方面是一创造的活动（science as a creative activity）。从前者看，科学可能是很纯净的。但是，从后者看，则颇不然。这正犹之乎一幕戏在前台与后台不同一样。

第六章 三种型定方式

自然与人生的形形色色呈现在我们面前。我们为了想明白其所以然，常常要找出这个事件与那个事件之间有何关联。我们要能控制自然，改善人的生活，必须求出自然与人生的秩序。这种工作就是科学家的基本工作。科学家为了寻求自然和人生的秩序，就得作观察和实验。科学家在作观察和实验的同时，必须设立若干条款来安排由观察和实验得来的基本数据。这类条款，真是充塞于科学书中。不过，在这些条款之中，有被其他若干条款所共同假定的条款。这项条款特别为方法论家感兴趣。[1]这类条款，我们把它叫作经验科学建构的基本条款。有了这些基本条款，经验科学不必即能构成；但是，如果没有的话，经验科学必不能构成。我们在以下所要讨论的就是这类基本条款。

一、必要条件（necessary condition）。"有之不必然，无之必不然"，这样的条件就是必要条件。这就是说，如果有 X，不必即有 Y；但是，如果没有 X，那么一定没有 Y。在这种情形之下，X 是 Y 的

---

[1] 1959 年初版本作："特别为方法论家所发生兴趣。"——原编注

必要条件。拿现在的社会情形来说,如果经济欠佳,那么许多事办不了。可是,如果经济充裕,但别的条件未具备时,同样可能办不了事。所以,经济充裕只是办事的一必要条件。当然,在一个经济不充裕的社会里,人们很容易以为经济第一,以为有了经济便有了一切。这种想法只能代表经济困乏时的一种情绪的反应。等到他的经济真正充裕时,他可能就不作此想了。

对于未习于截然划分的(clear-cut)思考习惯的人而言,上面所说的例子因有太多的利害纠结和情感联系以致显得不够干净。我们再列举另外的例子,就可看出必要条件与其他条件的分别。如果甲是乙的丈夫,那么甲一定为男性。在这一关联中,"为男性"乃"做丈夫"的必要条件。这也就是说,如果甲不是男性,那么甲就不是乙的丈夫。但是我们不可就此推论"如果甲是男性,那么甲就是乙的丈夫"。因为,甲是男性时,可能是乙的丈夫,也可能不是,而是乙的父亲或弟兄或儿子或朋友或亲属。同样,如果甲是守清规的和尚,那么甲便不吃肉。从此,我们不可推论"如果甲不吃肉,那么甲便是守清规的和尚"。因为,不吃肉的原因可能很多,不一定是因守清规。尽可以有人不吃肉,但并非守清规的和尚。所以,我们不可贸贸然由甲不吃肉就推论甲乃守清规的和尚。在这一关联中,我们所可作的推论,充其量只是说"如果甲不是不吃肉的,那么便非守清规的和尚"。

二、充足条件(sufficient condition)。"有之必然,无之不必然",这种条件就叫作充足条件。如果有 X,那么有 Y;但是,如果无 X,那么不必无 Y。这也就是说,如果有 X,那么有 Y;如果无 X,那么或者有 Y 或无 Y。这是充足条件推论的可能情形。如果天下雪,那么地上成白银世界。如果天不下雪,是否地下不成白银世界呢？不见得。现在电影的布景技术很不难当不下雪时使地下成白银世界。这就是"如果天不下雪，地下还是可能成为白银世界"。所以，我们由"如果天下雪，那么地上成为白银世界"不可推论"如果天不下雪，那么地上不成白银世界"。同样，从"如果某一朵花是黄的，那么它是有颜色的"，推论不出"如果某一朵花是有颜色的，那么它是黄的"。也许它是紫的，也许它是红的，也许……许多不同的充足条件可以作同一必要条件的前件。所以，我们从作为前件的某一充足条件可以推论出某一必要条件。但是，我们却无法从某一必要条件推论出某一充足条件。"如果某人是一回教徒，那么他不吃猪肉。"我们不能由此推论"如果某人不吃猪肉，所以他是回教徒"。因为，他可能因个人好恶的理由而不吃猪肉。其他的事例，我们可以试着由此类推。

三、充足而又必要的条件（sufficient and necessary condition）。"有之必然，无之必不然"，这种条件就是充足而又必要的条件。详细一点说，如果有 X 则有 Y，如果无 X 则无 Y，那么 X 为 Y 的充足而又必要的条件。如果 H_2O 化合则成水，如果 H_2O 不化合则不成水，那么 H_2O 化合为成水之充足而又必要的条件。如果某一图形为等角三角形，则它是等边三角形；如果某一图形不是等角三角形，则它不是等边三角形。在这种情形之下，等角三角形是等边三角形之充足而又必要的条件。

我们应用充足而又必要的条件时有一点必须注意，就是，在数理世界或无机世界，要找充足而又必要的条件比较容易；在人理世界或社会界，要找某事之充足而又必要的条件就困难得多。之所以如此，原因之一，是物理世界或无机世界比较单纯，它的相干范围比较易于确定和划限。而人理世界或社会界则比较复杂，它的相干范围比较难于确定和划限。迄今为止，在人理世界之中，我们不易判然地（exclusively）断定哪些因子（factors）是相干的，哪些因子是不相干的。在更多的情况之下，我们只能在事后才能决定何者相干、何者不相干。当然，如果以黑格尔的哲学为背景，那么在这个宇宙之内，没有什么是不相干的。在他自己，这种说法似乎也言之成理。不过，这么一来，科学知识完全可以废弃，一切语句或命辞及其序缅完全变成套套逻辑。自然，这样的套套逻辑所引起的气氛，不只于是套套逻辑而已。

除此之外，在物理世界或无机世界，对于条件的权量不易——当然并非完全没有——掺进情绪成分。在人理世界或社会界，对于条件的权量很易掺进情绪成分。不仅如此，有一路的人甚至故意掺进情绪成分，并且进一步地为这种故意的行为找些基础。有了这些基础，他们掺进情绪的动作似乎更有劲，更理直气壮。例如，前面所说的经济因素，对于人的美好生活而言，只是一个必要条件。这也就是说，如果经济贫困，那么人的确不能获得美好的生活。但是，有了丰富的经济而别的条件未满足时，人还是不能得到美好的生活。然而，近几十年来，有一批人却拼命宣传经济因素是美好生活之充足而又必要的条件。由于这一错误的想法，人间的悲剧便难以避免。

第七章 穆勒方法

穆勒（John Stuart Mill，1806—1873）是十九世纪英国经验论巨擘。他对于逻辑的重要贡献就是有名的穆勒方法（Mill's Methods）。穆勒方法的用处是帮助我们发现事件与事件之间的因果关系。

一、同一法（the method of agreement）。如果我们所研究的现象中有两个或两个以上的事例只有一个情况相同，那么此所有事例共同的情况乃此现象之因或果。

这一律则可用一架构表示出来：如果一组情况 a、b、c、d 发生则有现象 P 发生，如果另一组情况 a、x、y、z 发生则有 P 发生，那么此二组情况所共同具有的 a 与 P 有因果关联。就常识说，如果 a 在先而 P 在后，那么 a 为 P 之因；如果 a 在后而 P 在先，那么 a 为 P 之果。兹举例来说明。

我们知道，疟疾发生的许多地区有共同的情况，即低洼、多雾，而地势较高并且干燥之区无雾。这种无雾之区便不患此疾。所以，我们可以下个结论说，多雾且湿的气候乃疟疾之因。可是，有人对相干的事实再加观察，作一项结论说，疟疾并非因多雾且湿之气候所致，而无疑系由沼泽所致。但是，更加研究，我们发现疟疾系由疟蚊咬伤所致。然而，又进一步研究，我们发现疟疾系由沼泽地带疟蚊咬人后将疟虫输进人体寄生于红血球内所致。

当然，这一现象的原因之发现虽系由同一法，但并不仅靠此法。除此以外，还靠别的方法。这别的方法，我们将在后面讨论。

二、别异法（the method of difference）。如果我们所研究的现象在某一事例中出现，在另一事例中这一现象不出现。在这两个事例中，除了一个因素不同，其余一切因素皆相同。而此不同的因素只出现于第一个事例中。这两事例中唯一不同的因素，乃该现象的原因或结果或原因之不可少的部分。

如果有一组因素 a、b、c、d、e 之后有果 R，而另一组因素 a、c、d、e 之后没有 R，那么因素 b 乃 R 之原因或 R 之原因的不可少的部分。

巴斯德（Pasteur）有一项实验证明，某种微生物存在于有机物的话，氧气便为之固定。这一实验所依据的原理就是别异法。我们如果要确定空气是否是传音的媒介，可以把一个闹钟放在充满空气的玻璃罩内发声，抽去空气后则不发声。前一组事例中包含着闹钟、玻璃罩、空气，后一组事例中包含着闹钟、玻璃罩，但无空气。前后两组事例之间唯一不同之点为空气。前者有空气，于是闹钟发声。后者无空气，于是闹钟不发声。可见空气乃闹钟发声的原因，或至少有因果关系。

三、同异联用法（joint method of agreement and difference）。如果某现象所在的两个或两个以上的事例只有一个因素相同，而无此现象之事例除无此因素以外没有共同之处，则此两组事例相异之因素乃该现象之结果，或原因，或原因之不可少的部分。

所谓同异联用法就是同一法和别异法之联合的运用。这两种方法之联合运用，可使结论之盖然程度（degree of probability）增加。物理学中的塞曼效应（Zeeman Effect）可以例示同异联用法的运用。这种方法比较适于用来研究大量现象。我们可以把已经结婚的配偶分作快乐的和不快乐的两种。如果快乐的配偶除了快乐之外，有一项因素相同，而所有不快乐的配偶缺乏这一因素，我们有很好的理由相信，这项因素乃婚姻快乐之所必需。例如，性情相投。

四、归余法（the method of residues）。有一项因素，借归纳法我们早已知道它是某些原因之结果。我们现在把这项因素从某一现象中减去，那么此现象所余部分乃其他原因之结果。

海王星之发现所依据的就是这种方法。

五、共变法（the method of concomitant variation）。如果任何现象以任何方式变化，那么另一现象以其他方式变化。在这种情况之下，此一现象乃另一现象的原因或结果或与之有因果关系。

这种方法特别适于用来研究有程度差别的现象之变化。例如，潮汐之涨落与月亮的相对位置之关系，我们要确定时，必须应用此法。

科学方法贵联合运用。我们运用的方法越多，则所得结论之可靠性越增。这是因为不同的方法互相支持，而且结论所受校正的机会增加。单独从一种方法来作结论，危险程度总是较大的。

科学与人生的关系之密切，到了现代几乎可以说是尽人皆知的事。但是，一般人所知道的科学与人生的关系只限于器用方面，而不及于思想方面。这种了解既不完备，又易发生危险的结果。我们在这里所要陈示的，是科学与人生的关系之一健康的了解。

人类自有科学以来，在医药、生产技术方面所作的改进，在交通方面所开辟的境界，差不多是每个文明人所亲身感受到的。这类技术方面的展进，使人大有一日千里之叹。科学在这类技术上的成就，已经不用我们来描述了。我们现在所要讨论的是，正因科学在技术上有这样重大的成就，许多正统主义者把人间的罪恶和纷乱归咎于科学。他们说，科学盲目发展，不受道德或宗教之领导，以致成了罪恶的工具。这种谴责，随着世乱的增加，持之者似乎一天多似一天。我们现在要问，这种谴责是否正确呢？科学是否成为罪恶之工具呢？

仅仅就科学技术而言科学技术，科学在道德上是中立的。这也就是说，科学技术是与道德无关的东西。科学技术既可以作道德工具，又可以作罪恶的工具。科学技术可以杀人，但也可以医病。科学技术不偏袒罪恶，亦若其不偏袒道德。科学技术之与罪恶没有特别的亲和力（affinity），亦若其与道德没有特别的亲和力。科学技术与罪恶之距离，恰好等于它与道德的距离。既然如此，如果罪恶可以拿科学技术作工具，那么道德应有完全相等的力量拿科学技术作工具。既然如此，那就不应该有科学技术特别为罪恶所利用的现象。如果科学技术特别为罪恶所利用，那么我们不能拿科学技术来说明。如果有这样的事实，那么不是由于道德已不适用，便是由于道德力量本来就不敌罪恶力量。

从这一番解析，我们知道科学技术之进步与罪恶之增加毫不相干。其所以有许多人把二者联在一起，除了由于厌恶科学之情以外，系由于一项思想方式之错误。这项思想方式把前后相承的东西视作有因果关系。从常识的观点看，因果关系确系前后相承，但是，有前后相承关系者却不必即有因果关系。

如果我们作进一步的解析，对于罪恶之增加，科学不仅毫无责任可言，而且正系由于对科学采"断章取义"的态度所致。责备科学的人对科学采取一狭义的看法。如前所述,当他们说"科学"一词时,意指的实在是科学的一部分,即技术。而这一部分,实在并不是科学之最基本的成素。科学之最基本的成素是科学态度和科学方法。他们责备科学时,他们用"科学"一词时,刚好把科学的这一成素划出科学以外。这么一来,科学成了无头的蛇,他们就专打蛇身子。如果要追问科学对道德沦丧负责,我们得找科学最基本的这一部分负责才是。如果找科学的这一部分负责,那么我们得推敲科学态度和科学方法有哪一点与道德相违?

道德是动机(motivation)方面的事。科学是认知(cognition)的产品。二者所在的层界不同,因而无冲突之可言。不过,有道德而无认知,就是虚空而又盲目的东西。科学是道德的眼睛。在作道德决意的一刹那,就有认知参加其间。认知深广,道德也就充实些,并且实现得多些。在这个社会上,许多人常常想做好,但不知什么才是好、怎样才会好,以致常常越做越坏。而有科学知识并有好的动机的人则常可准确地做出一些好事。这一比照可以证明道德不能离开科学。道德要想立则并且实现,厥惟科学是赖。道德有赖乎科学的地方,最重要的还在科学态度和方法。这样说来,我们所要采取的科学,不是断章取义过了的科学,而是彻头彻尾的科学了。

如果仅仅截取科学技术这一段,抛弃它的态度和方法这一段,再把科学技术这一段安在社会神话上面,这样就会造成人间悲剧。……要科学,得从本到末都要科学。不可科学其尾而玄学其首。科学最基本之处有而且只有经验与逻辑。有而且只有根据经验与逻辑我们才能知道这个世界的真相。合于世界真相的判断才是正确的判断。所以,我们要能判别是非,有而且只有以经验与逻辑为根据。

"以经验与逻辑为根据来判别是非"这话说起来似乎简单,做起来很不简单。显然得很,逻辑是要学的。经验的形态更多,有基本经验,有复合的经验。要能区别这些,也需解析的训练。凡此等等,都少不了念一些相干的书。

(此章略有删节)

第八章 读些什么书？

谈到读书这个问题，内容真是复杂。各个人读书的目的可能各不相同：有人读书是为了消遣，有人读书是为了找理想的天地，有人读书是为了满足好奇心……我们这里所说的读书是为了获得知识和训练。目的不同，所读的书不一样，读法也不一样。

为获得知识和训练而读书，当然是不可少之事。因为，这类的书是知识和训练之记录。我们读了它们，就可得到别人若干努力之成果。这样，我们就可用较少的劳力获致较多的成绩。所以，我们要获得较个人能力所及为大的知识和训练，就非读书不可。至少，需读必要的书。什么是必要的书呢？这非请各门的专家指导不可。从前中国的读书人动辄说"一事不知，儒者之耻"，好远务博。这在从前的社会已经办不到，何况今日？时至今日，就事实上看，学问的种类涉猎过多的人，所知所论，没有一样能达到真正专门的水平。现在弄学问，一门已嫌太宽。在经过初步训练以后，我们就得更进一步，选择其中的某一部分来钻究。这是知识分殊化所引起的趋势。不接受这一趋势，没有人能把一门学问弄得很精。书并非崇拜的对象，不过工具而已。该读的书不可少读一本。不必读的书何必去理会？特别是目前，印刷这样容易，书评制度在有些地方等于零，只要能印出的都叫作"书"。如果一一去买来读，岂不浪费时间和金钱？特别生于当今之世，很需要一个读书指导的机构。这可以给大家许许多多帮助。

关于逻辑方面，浅显的书有：

殷海光著：《逻辑新引》，亚洲出版社。

如果要钻究更深的，该书后面有介绍。

关于辨识经验方面的，问题困难得多。我们要读这方面的著作，必须向哲学部门里去钻，尤其必须多接近有关逻辑经验论的著作。这方面的入门书，可推下列一种：

A. J. Ayer: *Language, Truth and Logic*, Victor Gollancz Ltd, London.

较深的有下列各书：

Feigl & Sellars: *Readings in Philosophical Analysis*, Appleton-Century-Crofts, Inc.

Feigl & Brodbeck: *Readings in the Philosophy of Science*, Appleton-Century-Crofts, Inc., New York.

P. P. Wiener: *Readings in Philosophy of Science*, Charles Scribner's Sons, New York.

A. J. Ayer: *The Foundations of Empirical Knowledge*，Macmillan & Co., London.